METHODEN DER PHYSIKALISCHEN THERAPIE UND DIAGNOSTIK

Hilfsbuch für medizinisch-technische Assistentinnen

von

MAGDALENA OLDENBURG

Fachlehrerin an der Technischen Berufsfachschule des Lette-Vereins Berlin

Mit 118 Abbildungen

1948

WALTER DE GRUYTER & CO., BERLIN W 35

vorm. G. J. Göschen'sche Verlagshandlung, J. Guttentag, Verlagsbuchhandlung, Georg Reimer, Karl J. Trübner, Veit & Comp.

Archiv-Nr. 51 47 47. Printed in Germany

Druck: Buchdruckerei „Buchkunst“, Berlin W 35 523 4000 2. 48 Kl. C

ZUM GELEIT

Bei dem großen Mangel an Lehrbüchern jeder Art ist es sehr zu begrüßen, daß Fräulein Oldenburg, Lehrassistentin an der Technischen Berufsfachschule des Lettevereins, nach langjährigen Erfahrungen in der Praxis und in der Ausbildung von medizinisch-technischen Assistentinnen mit diesem Buch eine ausführliche Zusammenstellung der Methoden der physikalischen Therapie einem größeren Interessentenkreis zur Verfügung stellt.

Der Voraussetzung für verständnisvolles Arbeiten ist durch kurze klare Erklärung der physikalischen Grundlagen der Methoden, ihrer technischen Ausführungen, der sachgemäßen Bedienung der Apparaturen und der zu erzielenden therapeutischen bzw. diagnostischen Wirkung Rechnung getragen. Außerdem sind die Belange der Unfallverhütungsvorschriften sorgfältig berücksichtigt, indem in jedem Fall auf die Folgen fehlerhafter Bedienung der Apparate und der daraus sich ergebenden Schädigungen des Patienten ausführlich hingewiesen wird. Gerade hierauf ist nicht nur während der Ausbildung von medizinisch-technischen Assistentinnen, sondern besonders in der Praxis der größte Wert zu legen, da die medizinisch-technische Assistentin — nicht so die medizinisch-technische Gehilfin — für die Art der Durchführung ihrer Hilfeleistung selbst die Verantwortung trägt. Daß die Anordnung therapeutischer und von der Regel abweichender diagnostischer Maßnahmen, sowie die diagnostische Auswertung nur einem Arzt zusteht und die Grenzen der Zuständigkeit und Verantwortlichkeit der medizinisch-technischen Asssitentin überschreitet, wird jeweils genau hervorgehoben.

Allen denen, die auf dem Gebiet der physikalischen Therapie ausgebildet werden oder arbeiten, kann das vorliegende Buch nur angelegentlich empfohlen werden. Es verdient eine recht weite Verbreitung.

Dr. Götzky
Referent im Landesgesundheitsamt Berlin

VORWORT

Diese Arbeit ist aus den Anforderungen entstanden, die mit der Einführung der „Physikalischen Therapie" als Unterrichtsfach für med.-techn. Assistentinnen gestellt worden sind. Das Buch soll ein Leitfaden und eine Hilfe für den Unterricht und für die Arbeit in der Praxis sein.

Da eine wesentliche Voraussetzung für die zuverlässige Durchführung einer angeordneten Behandlung nur durch eine genaue Kenntnis der physikalischen Grundlagen sowie der Geräte und der Behandlungstechnik gewährleistet ist, wurde versucht, die zum Verständnis notwendigen Vorgänge zu erklären. Dem großen Entgegenkommen der Firma Siemens, sowie der Hanau Quarzlampengesellschaft und anderen ist es zu danken, daß es möglich geworden ist, durch eine Reihe von Abbildungen das Verständnis des Stoffes zu erleichtern.

Berlin, im Oktober 1947.

Magdalena Oldenburg

Inhalt

I. Anwendung der Physik in der Therapie

Einleitung

Die „Physikalische Therapie" umfaßt die Anwendung physikalischer Wirkungen auf den erkrankten menschlichen Körper zu Heilzwecken. Fast alle Gebiete der Physik finden vielfache Anwendung bei therapeutischen wie auch diagnostischen Maßnahmen, nämlich

1. die Wärme,
2. die Optik,
3. die Elektrizität,
4. die Akustik,
5. die Mechanik.

Eine Anzahl von Reaktionen des Organismus treten bei physikalischen Reizen immer wieder auf und haben allgemeine Gültigkeit. Als oberstes Grundprinzip mache man sich ganz allgemein zu eigen:

„Kleine Dosen haben die entgegengesetzte Wirkung wie große Dosen. Schwache Reize regen die Lebenstätigkeit an, mittelstarke Reize fördern sie, starke Reize hemmen sie und stärkste Reize heben sie ganz auf."

Welche Form der Reize jeweils therapeutisch angewendet wird, hängt von der Art der Erkrankung und vom Ziel der Behandlung ab und wird in jedem Fall vom Arzt bestimmt.

Was bewirkt die physikalische Therapie?

1. **Hyperaemie,** die eine generelle oder eine örtliche sein kann. Man versteht darunter eine Erweiterung der Kapillaren, verstärkte Blutzufuhr und dadurch Verbesserung der Ernährung des Gewebes, vermehrte Sauerstoffzufuhr, die Voraussetzung zur Assimilation. Die verstärkte Zirkulation führt zur Entgiftung, zur Resorption und zum Anbau ersatzfähiger Körpersubstanzen.

   Die vermehrte Durchtränkung entzündlichen Gewebes bewirkt außerdem Schmerzlinderung, worauf die Lokalanaesthesie beruht.

   Eine Hyperaemie läßt sich auch durch Stauung erzielen (Biersche Stauung) womit eine Alkalisierung des Gewebes erreicht wird.

2. **Viscerocutane Reflexe.** Hautreize werden durch nervliche Beziehungen zwischen Haut und tiefer liegenden Organen zur Reaktion gebracht, die darauf ihrerseits mit chemischen oder hormonalen Reaktionen antworten, d. h. in der Hauptsache mit Wärmeregulation. Es können auf diesem Wege hyperaemische Organe entlastet und anaemische belastet werden.

3 **Bildung von Biohormonen.** Latent, d. h. inaktiv in den Organen vorhandene Stoffe, wie z. B. das Histamin, können durch Einwirkungen auf die Haut aktiviert werden, wie es bei der Erythembildung durch

Einwirkung von Licht der Fall ist. Diese Stoffe haben gefäß- oder kapillarerweiternde Wirkungen.

4. **Schädigung des Angreifers und Bildung von Nekrohormonen.** Darunter versteht man die bakterizide Wirkung von Licht oder Strahlung. Bekannt ist die bakterizide Wirkung der Ultraviolettstrahlung = Höhensonne, die ausgenutzt wird bei oberflächlichen Prozessen wie Wundbestrahlungen und Pilzerkrankungen der Haut. Auch mit Röntgenstrahlen z. B. können Bakterien abgetötet werden, ebenso gelingt es mit Kathodenstrahlen in wenigen Sekunden Staphylokokken, Streptokokken = Eitererreger, Coli- und Milzbrandbazillen abzutöten. Diese Erkenntnis führte Finsen zu seiner Heliotherapie der Tuberkulose. Es entstehen Zerfallsprodukte, die als „Nekrohormone" bezeichnet werden, weil sie ihrerseits intrazelluläre spezifische Wirkungen ausüben, wie z. B. bei Röntgen- und Radiumbestrahlungen. Sie reizen den Organismus und bei stärkerem Vorhandensein schädigen sie ihn. (Röntgenschäden!)

5. **Bildung von spezifisch wirkenden Vitaminen.** Sie tritt vor allem bei Bestrahlungen mit bestimmten Wellenbereichen auf. Bekannt ist, daß durch Ultraviolettbestrahlung sich aus dem körpereigenen Ergosterin das Vitamin D bildet. (Milchbestrahlung)

Die einzelnen Anwendungsgebiete

1. Hydrotherapie

Die Hydrotherapie ist ein Sammelbegriff für thermische Wasseranwendungen, die sowohl thermische wie mechanische Wirkungen ausüben in Form von Voll-, Halb- oder Teilbädern, Duschen aller Art, Güssen, Abwaschungen, Abreibungen, Packungen, Wickeln, Umschlägen (Prießnitz), Dampfbädern und Dampfduschen usw. Es handelt sich dabei in der Hauptsache um Wärmezufuhr bzw. Wärmeableitung, die Hyperaemie, Blut-, Kreislauf- und Nervenreaktionen zur Folge haben. Diese werden noch erhöht durch mechanische Reize wie Druck oder Strahl, z. B. bei der modernen Unterwassermassage. Zusätzlich können elektrische Reize ausgeübt werden wie bei den Vierzellenbädern.

2. Wärmetherapie

Da das Wort ganz allgemein nur ausdrückt, daß dem Organismus Wärme zugeführt werden soll, was ja durch die verschiedensten Mittel wie Bäder, Heizkissen, Packungen, Diathermie usw. erreicht werden kann, versteht man in der Medizin unter dem Begriff „Wärmetherapie" nur ganz beschränkt die Anwendung spezieller Wärmeträger, nämlich **Schlamme, Moore und Erden,** die entweder vorwiegend organischen oder mineralischen Charakter haben. Die Heilfähigkeit der Moorbäder und Moorpackungen, der Fangopackungen bei rheumatischen Beschwerden sind bekannt. Ebenso Lehmkuren usw.

Die Bedeutung der einzelnen heilenden Faktoren ist noch nicht völlig geklärt, wahrscheinlich handelt es sich dabei auch um physikalische Gesetzmäßigkeiten gemeinsamer physikalischer und physikalisch-chemischer Eigenschaften der Moore und Erden, u. a. um

1. Druckwirkungen (Kompression hautnaher Gefäße),
2. Reibungswiderstand durch die Zähigkeit (Hautatmung),
3. Wärmekapazität und Wärmeleitfähigkeit,
4. chemische Eigenschaften, wie z. B. adstringierende = zusammenziehende oder antibakterielle Wirkungen der Torfe.

Die Anwendung erfolgt in Form von Ganz- oder Teilpackungen oder -bädern, z. B. bei Erkrankungen des Nervensystems wie Neuritiden, Ischias oder Gelenkerkrankungen, Rheumatismus, Arthritis deformans usw.

3. Bädertherapie

Hier handelt es sich speziell um Bäderanwendungen, bei denen durch Zusatz fester, flüssiger oder gasförmiger Stoffe zum Badewasser oder durch sonstige im Bade ausgeübte mechanische oder thermische Reize eine besondere Wirkung erzielt werden soll, mit Ausnahme von Schlamm- und Moorbädern. Als Zusatzstoffe sind bekannt z. B.:

a) **feste Stoffe:** Salze, Staßfurter Salz, Senfmehl, Kleie, Schwefelleber,
b) **flüssige Stoffe:** Fichtennadelextrakt, Latschenkieferöl, Tannin, Sole,
c) **gasförmige Stoffe:** Sauerstoff, Kohlensäure, Luft (in Form von Luft-Perlbädern).

Physikalisch handelt es sich um mechanische, thermische und physikalisch-chemische Wirkungen, im Vordergrund stehend die Wirkung bestimmter Stoffe wie der Kohlensäure oder des Sauerstoffs, wie überhaupt um den Austausch zwischen Bad und Patient, worunter der gesamte Wasser- und Ionenaustausch verstanden wird auf Grund elektrolytischer oder Diffusionsvorgänge. Die so vom Körper resorbierten Stoffe lösen dann im Organismus weitere Reaktionen aus.

4. Klimatherapie

Die Einwirkungen des Klimas auf den Zustand des menschlichen Körpers sind im negativen wie im positiven Sinne allgemein bekannt. (Föhnstimmung, Sommerfrische, Luftkurort.) Zu Heilzwecken werden sie schon lange bewußt und erfolgreich ausgenutzt. Ihre Ursachen sind physikalische und chemische Zustände, die unter dem Begriff „Klima" zusammengefaßt werden. Zu definieren ist das Klima nur durch viele Einzelsituationen, die sich gegenseitig bedingen oder von einander abhängen, wie Temperatur, Feuchtigkeit, Barometerdruck, Luftzustand und Winde, Größe der elektrischen Spannungen, Reinheit der Atmosphäre bzw. ihr Gehalt an gasförmigen Einschlüssen, ihr Ionengehalt, ferner ihre Durchsichtigkeit und damit verbunden die Strahlenwirkung der Sonne und des Bodens – alles Dinge, deren Einflüsse jeder schon an sich selbst beobachtet haben wird. Sie bilden das Forschungsgebiet der Balneologen, der Bäderärzte, um sie bewußt zu Heilzwecken anzuwenden und auszunutzen. Man hat sogar begonnen, künstliche Klimaanlagen zu schaffen (wie z. B. in der Berliner Kinderklinik der Charité), um stärker als bisher ihre bedeutenden Heilfaktoren auch in akuten Fällen klinisch anwenden zu können. Endgültiges kann heute über das Gebiet der Klimatherapie noch keineswegs gesagt werden.

5. Lichttherapie

Während die bisherigen Gebiete der physikalischen Therapie vorwiegend in den Arbeitsbereich der Bademeister und der Heilgymnastinnen gehören — wie auch alle mechanischen Verfahren — ist die Lichttherapie ein Gebiet, das die Technische Assistentin beherrschen muß und deshalb eingehender behandelt werden soll

Die Lichttherapie gehört zum ältesten Gut der Volksheilkunde. Die Sonne ist der Quell allen Lebens. Schon Griechen und Römer hatten eine hochentwickelte Lichtheilkunde. Im „dunklen" Mittelalter ging das Wissen darum verloren, und erst im 19. Jahrhundert hat man wieder begonnen, das Licht als Heilfaktor anzuwenden und dann später die Bedeutung des Lichtes zur Behandlung systematisch zu erforschen. Unsere moderne Lichttherapie ist erst rund 50 Jahre alt. Bahnbrechend war F i n s e n, der um 1890 die Heilwirkung des ultravioletten Lichtes erkannte und seine Heliotherapie darauf aufbaute. Zunächst stand dafür nur die natürliche Strahlung im Hochgebirge zur Verfügung, weswegen man bei der Bedeutung der Erfolge bald versuchte, sich durch künstliche Lichtquellen von der Sonne unabhängig zu machen. Daher stammt die Bezeichnung „künstliche Höhensonne", von der man inzwischen aber längst weiß, daß sie ganz unzutreffend ist und deshalb nicht mehr gebraucht werden sollte. Die systematische Lichtforschung begann Anfang unseres Jahrhunderts und wichtigste Erkenntnisse, wie die Beziehung zwischen Licht und Rachitis, und die Tatsache der Aktivierung des Vitamins D aus dem Ergosterin durch Bestrahlung mit Ultraviolettstrahlen stammen erst aus den Jahren 1920 bis 1926.

Die Lichttherapie umfaßt nur ein kleines Gebiet der strahlenden Energie. Vom Licht wissen wir heute, daß es eine Wellennatur hat, daß es eine elektromagnetische Schwingung ist. Die Zerlegung des weißen Lichtes in die Regenbogenfarben durch ein Prisma hat zu der Erkenntnis geführt, daß das weiße Licht aus einer großen Anzahl von Wellenlängen besteht, die verschieden gebrochen werden. Das Farbband des zerlegten Lichtes bezeichnet man als das Spektrum. Dieses Lichtspektrum läßt sich unsichtbar nach beiden Seiten ins Unendliche erweitern. Man erhält dann ein Gesamtspektrum der elektromagnetischen Schwingungen, **das Wellenspektrum,** von dem der Anteil des sichtbaren Lichtes nur noch ein kleines Intervall darstellt. (S. Tabellen auf Seite 5.)

Eine Reihe von Eigenschaften sind sämtlichen bekannten Wellenlängen gemeinsam, so die strahlenförmige geradlinige Ausbreitung aller elektromagnetischen Wellen, daher bezeichnet man sie auch insgesamt als „S t r a h l e n d e E n e r g i e". Sie unterliegen alle dem Intensitätsgesetz, nach dem die Intensität der Strahlung im Quadrat der Entfernung abnimmt. Sie können ferner gebrochen, reflektiert und absorbiert werden. Die letzte

Tabelle I

Elektromagnetisches Wellenspektrum

Wellenlänge λ in cm	Wellenlänge λ	Wellenart	Wellenbereich
10^8	1000 km	Technischer Wechselstrom	1000—6000 km
10^6	10 km	Menschliche Sprache	10—15 km
10^5	1 km	Drahtlose Telefonie, Radio	30 km—300 mm
10^4	100 m	Diathermie	450 m—30 m
10^3	10 m	Kurzwellentherapie	30 m—3 m
10^2	1 m	Ultrakurzwellen	3 m—1 m
1 cm	1 cm	Hertzsche Wellen	10 cm—100 μ
10^{-2}	100 μ	Wärmestrahlen	1 mm—0,1 mm
10^{-3}	10 μ	Infrarotstrahlen	400 μ—0,7 μ
10^{-4}	1 μ	Sichtbares Licht	700 mμ—400 mμ
10^{-6}	10 mμ	Ultraviolettstrahlen	400mμ—15 mμ
10^{-8}	1 Å	Röntgenstrahlen	5 Å—0,1 Å(100 x)
10^{-10}	10 x	γ-Strahlung d. Radiums	400 x—5 x
10^{-13}	0,05 x	Kosmische Ultrastrahlung	unter 1 x

Tabelle II

Maßeinheiten

1 μ	= 1 Mikron	= 1/1000 mm	= 1/10000 cm	= $1 \cdot 10^{-4}$ cm
1 mμ	= 1 Millimikron	= 1/1000 μ	= 1/10000000 cm	= $1 \cdot 10^{-7}$ cm
1 Å	= 1 Ångström Einheit	= 1/10 mμ	= 1/100000000 cm	= $1 \cdot 10^{-8}$ cm
1 x	= 1 x Einheit	= 1/1000 Å	= 1/100000000000 cm	= $1 \cdot 10^{-11}$ cm

Eigenschaft ist für die Wirkung des Lichtes auf den Organismus von wesentlichster Bedeutung, sie ist aber aus der Wellennatur nicht zu erklären. Erst die Vorstellung der atomistischen Struktur der Strahlungsenergie, die wir dem genialen Physiker M a x P l a n c k und seiner Quantentheorie verdanken, ermöglicht es, diesen Vorgang und viele weitere Strahlungserscheinungen zu erklären.

Nach der Quantentheorie kann eine Strahlung nur als eine stoßweise Aussendung von Lichtteilchen = Energiequanten aufgefaßt werden, die geradlinig in Form von Wellen fortschwingen mit einer Geschwindigkeit von 300 000 km pro sec.

Die Entstehung des Lichtes beruht auf atomaren Vorgängen. Nach dem Bohrschen Atommodell besteht ein Atom — dem kleinsten Teil eines Elementes — aus einem Massenkern und einer lockeren Hülle. Der Kern setzt sich zusammen aus einer bestimmten Anzahl positiv geladener Protonen und elektrisch neutraler Neutronen, die Hülle wird gebildet aus einer entsprechenden Zahl der kleinsten bekannten Materiebausteinchen, den Elektronen, die noch etwa 1800 mal kleiner sind als ein Proton, und eine negative Ladung tragen. Diese Elektronen umkreisen den Kern auf verschiedenen Bahnen oder Schalen — die innersten werden als K-, L-, M-Schalen bezeichnet — die jede nur eine bestimmte Anzahl Elektronen aufnehmen können. Die Zahl der Protonen und Elektronen in einem Atom entsprechen sich, so daß ein Atom elektrisch neutral ist und kein Licht aussenden kann.

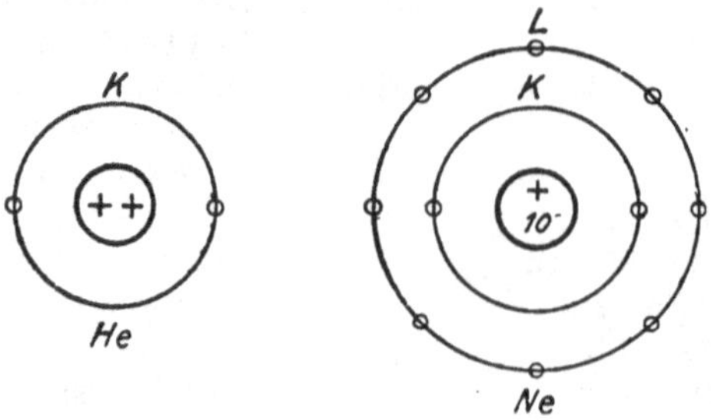

Abb 1 Bauschema eines He und Ne Atoms

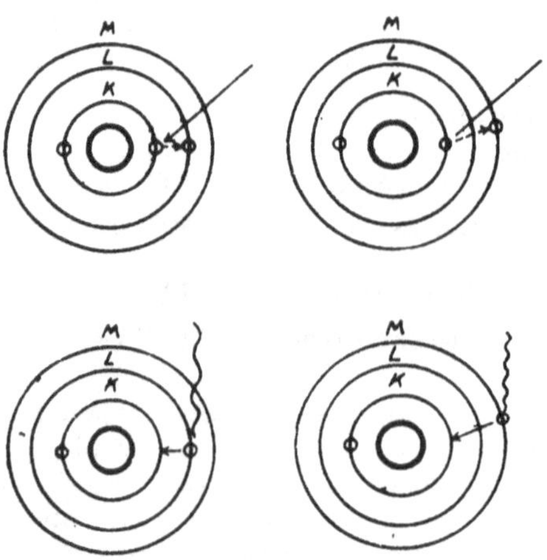

Abb. 2 Lichtaussendung eines Atoms

Wird nun einem Atom Energie von außen zugeführt, sei es durch Erwärmung, sei es durch Absorption eines Energiequants oder durch elektrische Kräfte, so wird ein Elektron auf eine kernfernere Bahn gehoben. Beim Zurückfallen des Elektrons auf seine innere Bahn wird die Energie wieder frei und in Form eines Lichtquants abgegeben.

Durch Zufuhr großer Wärmemengen, also durch Erhitzen von Stoffen bis zum Glühen werden diese zur Lichtemission veranlaßt; das können sowohl feste Körper, glühende Metalle oder Gase sein. Durch weitere Steigerung der Wärmezufuhr, durch außerordentlich hohe Temperaturen kann, wie man heute weiß, der sogenannte 4. Aggregatzustand erreicht werden. Das Gas geht dabei in einen Zustand über, den man als Plasma bezeichnet, in dem sich die Elektronen völlig vom Atom gelöst haben. Das Plasma besteht aus positiven Atomresten und freien Elektronen und ist elektrisch leitend.

Die Lichtemission der Stoffe ist verschieden. Feste Körper geben ein kontinuierliches Spektrum ab, d. h. sie senden ein vollständiges Strahlengemisch aus, das alle Wellenlängen des sichtbaren Lichtes enthält, also weißes Licht wie das Sonnenlicht. Glühende Gase dagegen senden nur ganz charakteristische sogenannte **Linienspektren** aus, d. h. sie senden nur einzelne Wellenlängen = leuchtende Spektrallinien aus.

Beim Erhitzen fester Körper beginnt die Lichtemission bei 500°C = Grauglut; sie geht über in Gelbglut bei etwa 1000° C und wird ab 1200° C zur Weißglut.

Die Lichttherapie umfaßt nur das sichtbare Licht und die angrenzenden Strahlenbereiche der infraroten und ultravioletten Strahlung, ganz

speziell die Wellenbereiche zwischen 50 Mikron = äußeres Infrarot bis 100 Millimikron = äußerstes Ultraviolett.

50 μ — 5 μ	= äußeres Infrarot	
5 μ — 760 mμ	= inneres Infrarot	
760 mμ — 650 mμ	= rot	
— 600 mμ	= orange	
— 560 mμ	= gelb	
bis — 530 mμ	= grün	sichtbares Licht
— 490 mμ	= blau	
400 mμ — 450 mμ	= indigo	
— 450 mμ	= violett	
400 mμ — 313 mμ	= langwelliges Ultraviolett = UV I	
313 mμ — 296 mμ	= erythemerzeugendes Ultraviolett = UV II	
296 mμ — 100 mμ	= äußeres Ultraviolett	

Da der Energiegehalt einer Strahlung durch die Wellenlänge bestimmt wird, müssen Unterschiede in der Bestrahlung mit verschieden farbigem Licht bestehen. So verhalten sich z. B. rotes und blaues Licht in ihren Wellenlängen wie 1 : 2, es müßte also demnach die Wirkung des violetten Lichtes doppelt so groß sein wie die des roten Lichtes. Das ist aber nicht der Fall, denn biologisch wirksam ist nicht die Wellenlänge als solche, sondern die Absorption der Strahlung durch den Körper; und das ist ein physikalisch-chemischer Vorgang, in gewissem Sinne dem ähnlich, den wir von den Belichtung einer photographischen Schicht her kennen. Die „Entwicklung" nimmt der Körper in diesem Falle vor, d. h. es werden durch die Belichtung im Körper chemische Vorgänge ausgelöst, die ihrerseits weitere Reaktionen der verschiedensten Art zur Folge haben, dem eingestrahlten Licht entsprechend (wie auch die photographische Platte verschieden auf die Lichtfarben reagiert). Man bezeichnet diese Vorgänge als Kettenreaktionen. So wird es verständlich, daß die verschiedenen Lichtarten = Wellenlängen verschiedene biologische und therapeutische Erfolge haben.

Für alle biologischen Lichtwirkungen gelten folgende Gesetze:

1. **Nur absorbierte Strahlung ist wirksam.** (Gesetz von Grotthus und Draper.) Ein Teil der Strahlung wird stets reflektiert und ist biologisch unwirksam. Die Absorption der verschiedenen Wellenlängen ist in den einzelnen Schichten der Haut verschieden stark.
2. **Die Intensität nimmt ab im Quadrat der Entfernung.**
3. **Die Strahlenempfindlichkeit** — aller biologischen Objekte — **hängt ab vom Zustand des Körpers.** Eine Erhöhung des Zellstoffwechsels führt zur Erhöhung der Strahlenempfindlichkeit, ebenso eine stärkere Durchblutung. Daraus ergibt sich die Notwendigkeit genauester individueller Dosierung und Beachtung möglicher „Kombinationen", wie z. B. Höhen-

sonnenbestrahlung vor oder nach Bädern oder einer Röntgenbestrahlung. „Kombinationsschäden" müssen vermieden werden!

Die Lichtaufnahme der Haut wird reguliert durch das Pigment — Bräune, die einen Lichtschutz darstellt gegen eine zu starke Belichtung. Wo dieser Schutz entweder nicht vorhanden (Albinos oder sehr hellhäutige Menschen) oder nicht ausreichend ist, können leicht durch Überdosierung Verbrennungen 1. bis 3. Grades entstehen. Das Auftreten der ersten Rötung wird als Erythem bzw. als Lichterythem bezeichnet und ist der Beginn der Lichtentzündung, die nicht sofort, sondern je nach der eingestrahlten Wellenlänge nach einer Latenzzeit eintritt; z. B. bei Ultraviolett nach 2 bis 7 Stunden; bei Röntgenstrahlen nach 14 Tagen bis 6 Wochen. Es wird dann eine deutliche Pigmentierung ausgelöst, die sogenannte sekundäre Lichtpigmentierung, die auf einer Fermentreaktion beruht und unter Umständen bis zu Jahren bestehen bleiben kann.

Durch Einstrahlung von Ultraviolettlicht wird Ergosterin zu Vitamin D aktiviert. Auch die Aminosäure Histidin wird in das Histamin mit seiner gefäßerweiternden Wirkung überführt. Es kommt ferner zu einer vermehrten Ausschüttung von Adrenalin, das wiederum zu einer Erhöhung der Acidose des Blutes führt und damit zu einer erhöhten Ernährung der Muskulatur, was zu einer allgemeinen Hebung des Wohlbefindens beiträgt.

Rotes Licht ruft keine Hautwirkungen hervor, dafür aber Reaktionen des Blutbildes, da rote und infrarote Strahlen tief in die Haut eindringen und die oberflächlichen Kapillargefäße erreichen. Infrarote Strahlen bewirken ein Wärmeerythem; ihre Bedeutung liegt vor allem in der Zufuhr hoher Warmeenergiemengen. Es sollen außerdem Sexualhormone aktiviert werden.

In der Lichttherapie verwendet man heute allgemein nur die künstlichen Lichtquellen. Diese beruhen entweder auf der Strahlenemission leuchtender Stoffe bei hohen Temperaturen, die daher als **Temperaturstrahler** bezeichnet werden; oder aber die Lichtaussendung kann auch elektrische oder chemische Ursachen haben, dann spricht man von **Luminiszenzstrahlern**. Allgemein gilt für die Temperaturstrahler, daß die Lichtemission um so stärker und um so kurzwelliger ist, je höher ihre Temperatur ist. In manchen Lichtquellen haben wir beide Arten der Lichtemission gleichzeitig, wie z. B. beim elektrischen Lichtbogen. Luminiszenzlicht nennt man auch „kaltes Licht".

Die einfachsten Temperaturstrahler sind die Glühlampen in den Glühlichtbädern oder Lichtbügeln. In den Glühbirnen = Kohlenfadenlampen entstehen Temperaturen von 2000 bis 3000° C. Als Ganz- oder Teillichtbäder sind die Glühlampen in wärmeisolierten, den Körperformen angepaßten Kästen angeordnet. Es wird dabei im wesentlichen nur sichtbares und ultrarotes Licht ausgestrahlt. Angewendet werden die Lichtbäder hauptsächlich dort, wo es auf eine allgemeine Erhöhung der Durchblutung des Gewebes ankommt, wobei gleichzeitig das Gewebe infolge der Kapillarerweiterung gelockert wird. Aus diesem Grunde werden Lichtbäder zur Erhöhung der Wirksamkeit vor Massagen gegeben.

Die Behandlungsdauer beträgt 20 bis 30 Minuten, bei der die Haut des Patienten zur Aufsaugung der Schweißbildung mit Zellstoff oder Tüchern abgedeckt werden kann — also reine Wärmewirkung. Die Kastenöffnungen

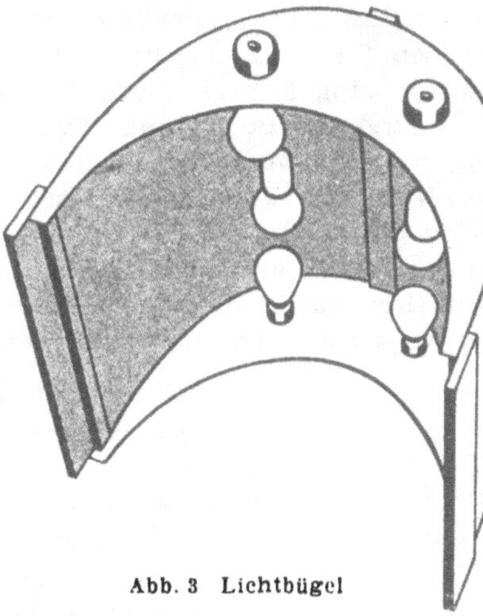

Abb. 3 Lichtbügel

werden durch Decken zugdicht verschlossen. Nach Beendigung der Behandlungsdauer ist die Haut abzutrocknen. Der Patient muß langsam abkühlen (besonders im Winter!), sofern sich nicht eine sofortige Massage anschließt.

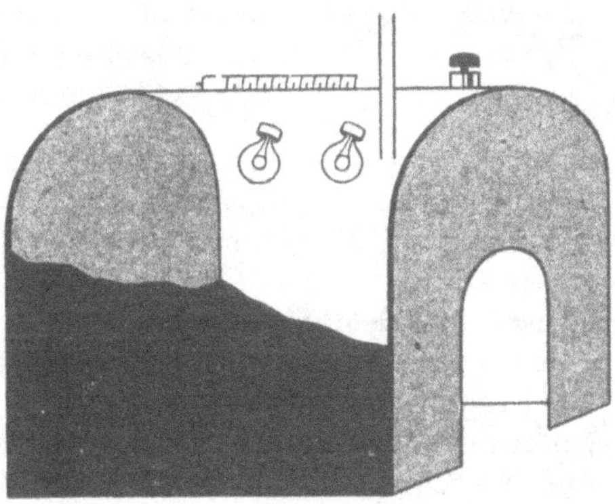

Abb 4 Kopflichtbad

Eine Sonderstellung nimmt das Kopflichtbad ein, mit dem sich sehr gute Erfolge bei Entzündungen von Nasen- und Nasennebenhöhlenschleimhaut erzielen lassen. Die Wirkung beruht dabei im wesentlichen auf der Ausnutzung der Hill'schen Reflexe, nämlich auf einer Erweiterung der Nasenschleimhaut und einer Verengerung der nasalen Atemwege.

Behandlungsdauer: 10 Minuten.

Das Kopflichtbad ist ein fast allseitig geschlossener Kasten mit einem Halsausschnitt, der über den Kopf des liegenden Patienten gestellt wird und ihn von der Außenluft völlig isoliert. Durch ein Atemröhrchen aus Glas muß der Patient während der Behandlung durch den Mund atmen, weshalb man bei Kindern diese Behandlungsmethode nicht anwendet. Wie bei allen Lichtkästen ist auch ein Thermometer zum Kontrollieren und Regulieren der Temperatur durch Ein- oder Ausschalten von Glühbirnen vorhanden. Zum Schutz der Augen wird man in Kopflichtkästen nur gefärbte Glühbirnen — dunkelrot oder blau — verwenden. Nach Kopflichtbädern ist auf besonders langsame Abkühlung zu achten!

Abb. 5 Solluxlampe

Ein kleiner Teilstrahler dieser Art ist die bekannte **Solluxlampe** für lokale Behandlungen. Sie hat eine Temperatur von etwa 3000° C. Die große Glühbirne befindet sich in einem Metalltubus, der nach unten enger wird und am unteren Rand mit einer Korkwulst versehen ist. Darüber befindet sich ein Einsteckschlitz zum Einschieben von Rot- oder Blaufiltern. Rotfilter werden dort benutzt, wo das sehr hell leuchtende Licht störend empfunden wird, bei Gesichtsbestrahlungen und bei der Behandlung kleiner Kinder.

Rote und ultrarote Strahlen dringen tief in die Haut ein, veranlassen eine allgemeine Schweißerzeugung, verbunden mit starker Durchblutung und Zirkulationsverbesserung. Spezielle Anwendung: bei Zahnerkrankungen, Furunkulose u. ä.

Eine ausgesprochene **Rotlichtbehandlung** wird ausgeführt mit der Novoluxapparatur, die mit Hilfe des Neonspektrums **Ultrarotstrahlen** aussendet.

Sehr viel bedeutsamer für die therapeutische Anwendung ist das **Ultraviolettlicht.** Die Lichtquellen sind meist Luminiszenzstrahler. Die bekannteste UV-Strahlenquelle ist die Quecksilberdampflampe, vor allem die Hanaulampe, unzutreffenderweise als künstliche Höhensonne bezeichnet.

Glühender Quecksilberdampf sendet ein starkes UV-Strahlenspektrum aus. Der Brenner besteht aus Quarz, da gewöhnliches Glas für UV-Strahlen undurchlässig ist; er wird daher auch als Quarzbrenner bezeichnet.

Er ist ein U-förmig gebogenes hochevakuiertes Rohr und enthält in seinen abwärtsgehenden Schenkeln etwas Quecksilber als Anode und Kathode. Sofern es sich um eine große Original-Hanaulampe für Klinikzwecke handelt, kann sie nicht an eine gewöhnliche Lichtleitung angeschlossen werden, sondern an eine Leitung, die mit 15 Ampère abgesichert sein muß. Ein Transformator bringt die Spannung auf die notwendige Höhe von etwa 4000 Volt. Im Brenner herrschen Temperaturen von über 4000° C.

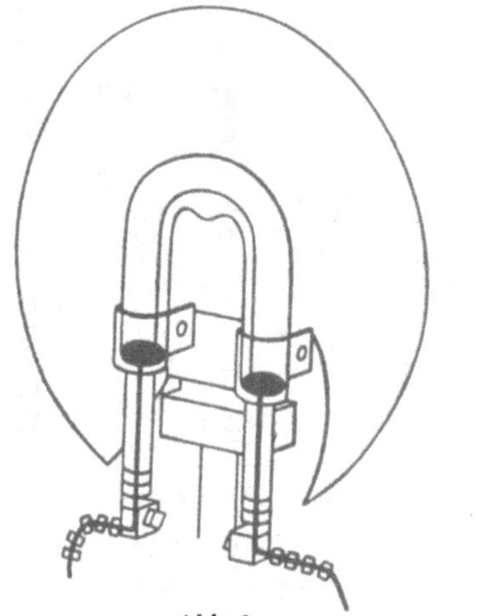

Abb. 6
Quarzbrenner einer „Höhensonne"

Der Brenner ist in einer zweiteiligen Kugelhaube aufgehängt und muß bei den älteren Modellen nach dem Einschalten des Stromes an seinen außerhalb der Kugel befindlichen Halterungsgriffen langsam auf und ab bewegt werden, damit das Quecksilber eine leitende Brücke zwischen den Polen bilden und verdampfen kann. Nach etwa 2 Minuten ist die volle Intensität der Strahlung erreicht. Die neueren Brenner haben eine stärker gebogene U-Form und einen Metallfaden an der Quarzwand zur Herstellung der ersten elektrischen Verbindung zwischen Anode und Kathode. Die Bewegung des Brenners fällt hier fort. Die größte Intensität wird nach 3 bis 5 Minuten erreicht.

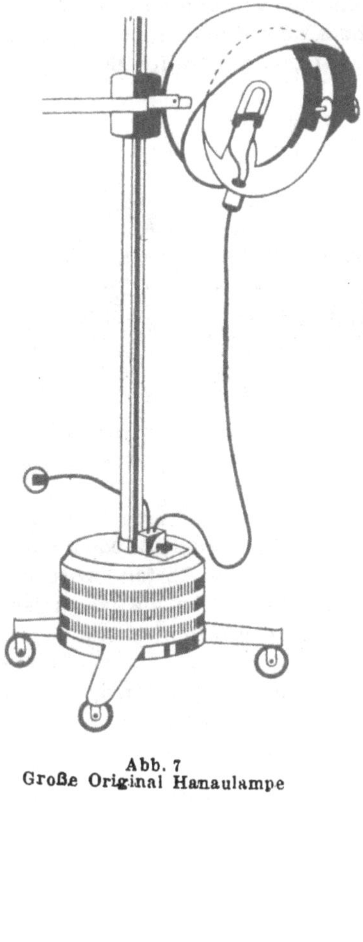

Abb. 7
Große Original Hanaulampe

Bei der Behandlung ist darauf zu achten, daß sich der Brenner niemals über dem Patienten befindet, damit er nicht bei einem eventuellen Springen durch herabfallende heiße Quarzstücke und durch das glühende Quecksilber den Patienten verletzt. Ferner ist zu beachten, daß die Quarzbrenner nur eine beschränkte Lebensdauer haben. Ihre Strahlenintensität nimmt schon nach 100 Brennstunden erheblich ab,

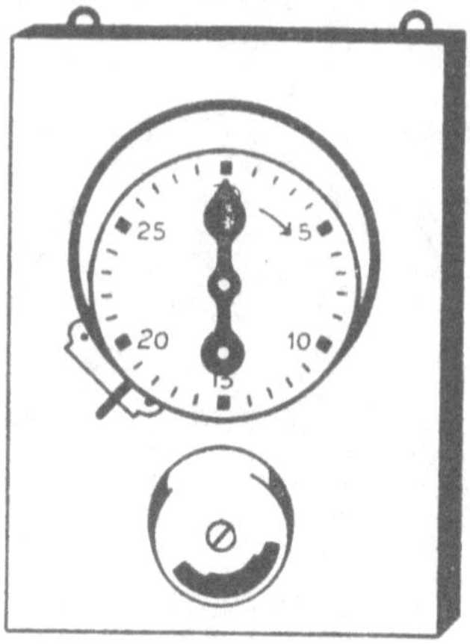

Abb. 8 Kurzzeitmesser

weshalb Kontrolldosismessungen unerläßlich sind. Als Hilfsmittel sind weiter unentbehrlich ein Bandmaß oder Zollstock als **Abstandmesser**, ferner Kontrolluhr — **Kurzzeitmesser** am besten -- zur Messung der Bestrahlungszeit, weiter **Schutzbrillen** für alle im Bestrahlungsraum anwesenden Personen. Außerdem müssen **Abdeckmittel** in Form von Tüchern, Zellstoff u. ä. vorhanden sein.

Zur Dosismessung gibt es biologische Meßgeräte für feinste Messungen, die aber in der Allgemeinpraxis nicht verwendet werden. Man arbeitet mit photochemischen Dosismessern, von denen der gebräuchlichste der **Dosismesser nach Keller** für Quarzbrenner ist. Er beruht auf der Schwärzung eines photographischen Papiers durch das auftreffende Licht zur Bestimmung der erythemerzeugenden Intensität einer Lichtquelle. Ein schmaler Streifen des Papiers

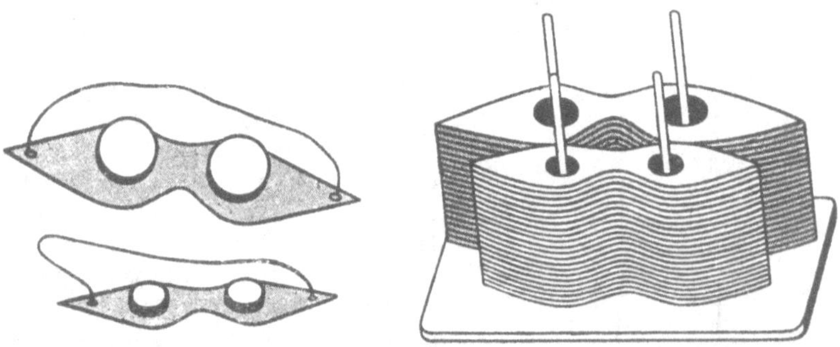

Abb. 9 Schutzbrille für die UV-Lichtbehandlung und die dazugehörigen Papiereinlagen

wird unter die 3 Filter geschoben, von denen das erste sichtbares Licht, das zweite ultraviolettes und das dritte ultrarotes Licht hindurchläßt. Nach einer genau abgemessenen Belichtung zeit in dem gewünschten Abstand wird die erzielte Schwärzung des Papiers mit einer geeichten Farbskala verglichen und die Erythemzeit abgelesen, die dann für den gewählten Abstand gilt, angegeben als Höhensonneneinheit; H. S. E. **Eine H. S. E.** ist die UV-Strahlenmenge, die auf der unbehandelten und nicht abgehärteten Körperhaut (Bauchhaut) eines erwachsenen Menschen nach 6 bis 12 Stunden eine leichte Rötung hervorruft.

Schnellmesser Original Hanau. Er hat nur eine Farbtafel mit einem ausgesparten Fenster, unter das man einen Streifen des lichtempfindlichen Papiers — Celluidinpapier — schiebt, und nun im gewünschten Abstand solange unter Zeitkontrolle bestrahlt, bis das Papier den gleichen Farbton

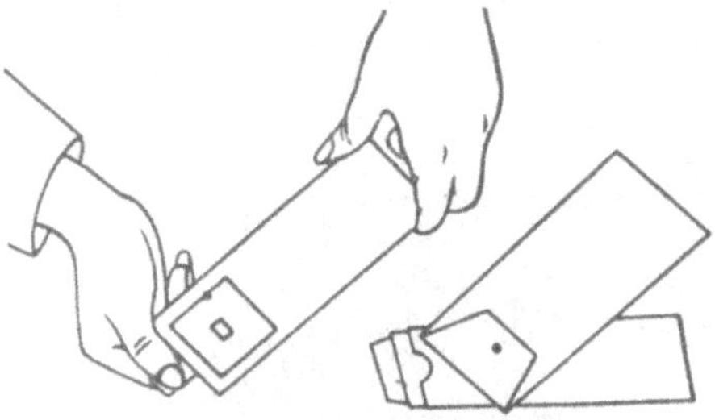

Abb 10 UV-Schnellmesser Original Hanau

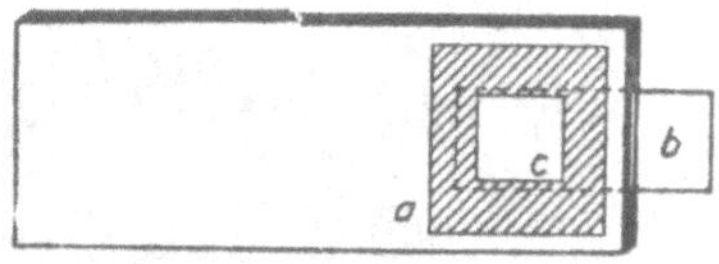

Abb 11 Der UV-Strahlendosismesser
a) Farbtafel, b) lichtempfindlicher Papierstreifen c) Belichtungsfenster

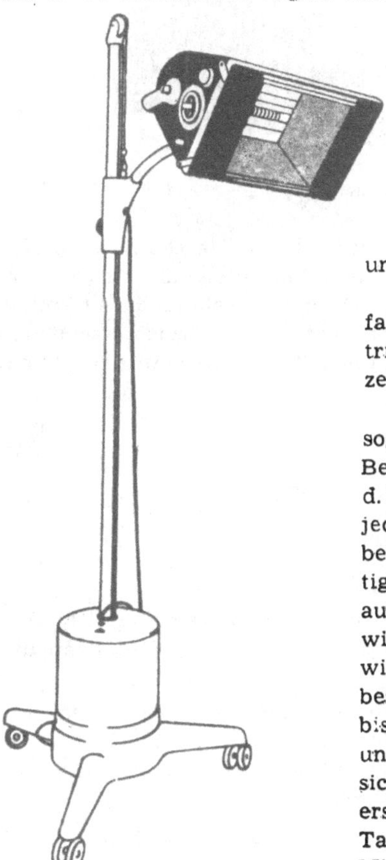

Abb 12
Cadmiumlampe der Firma Siemens

aufweist wie die Farbtafel. Zwecks größerer Genauigkeit wiederholt man wie bei allen Farbreaktionen die Prüfung noch zweimal und benutzt zur Berechnung den Mittelwert der erhaltenen Zeit. Die ermittelte Zeit wird mit 10 multipliziert und ergibt die Erythemzeit in Sekunden

Außerdem gibt es absolute Meßverfahren für UV-Licht, die den lichtelektrischen Photoeffekt ausnutzen (Photozellen).

Für alle Lichtbehandlungen ist das sogenannte langsame Einschleichen der Bestrahlung von wesentlicher Bedeutung, d. h. es muß zur Vermeidung von Schäden jede Behandlung mit geringen Zeitdosen begonnen werden. Ein für alle Fälle gültiges Bestrahlungsschema läßt sich nicht aufstellen, die individuelle Dosierung wird jeweils vom Arzt bestimmt, doch wird der Behandlungsplan bei Allgemeinbestrahlungen in einem Abstand von 1 m bis 1,50 m mit 1—3 Minuten je Vorderseite und Rückseite des Patienten beginnen und sich bei täglichen Bestrahlungen in den ersten 10 Tagen um je eine Minute pro Tag steigern, und sich dann um je zwei Minuten bis zu einer Höchstbestrahlungszeit von 15 Minuten pro Hautseite erhöhen

Die neuere **Cadmiumlampe** ist ein reiner Luminiszenzstrahler, dessen Intensität im biologisch wirkamen Bereich größer ist als bei der Quarzlampe. Sie beruht auf dem Prinzip der elektrischen Glimmentladung, wobei praktisch keine erhebliche Temperatursteigerung entsteht; man nennt sie daher auch „kalte Höhensonne".

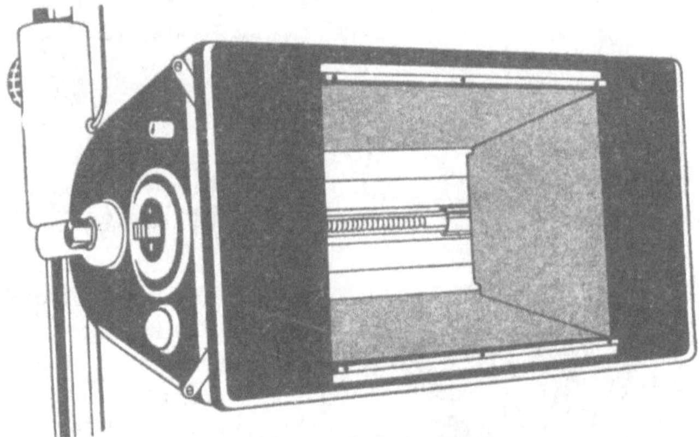

Abb. 13a Cadmiumlampe

Unter einer Glimmentladung versteht man eine in verdünnten Gasen, d. h. bei Unterdruck vor sich gehende Stossionisation, die durch vorhandene Ionen weitergegeben wird, wodurch die selbständige Strömung in dem Gas fortgeht und sich als Glimmentladung mit Leuchterscheinungen zeigt. (Bei Atmosphärendruck tritt die selbständige Strömung als Funken-

Abb. 13b Glühröhrchen

Abb. 14 Schema eines Kohlelichtbogens

entladung auf, und falls dabei die Stromstärke groß genug ist, werden Elektronen und Gas stark erhitzt. Die Funkenentladung geht dann in das elektrische Bogenlicht über.)

Neben ihrer größeren Intensität haben die Cadmiumlampen infolge ihrer geringen Temperatur den Vorteil, ohne zusätzliche Kühlung zur Nahbestrahlung verwendet werden zu können. Dosierung und Dosismessung erfolgen wie bei der Quecksilberlampe.

Eine sehr starke UV-Lichtquelle stellt der elektrische Lichtbogen dar, **die Bogenlampe.** Es ist ein Kohlelichtbogen, der sich zwischen zwei Kohlen, einer Anode und einer Kathode ausbreitet. Die Anode hat die Form eines Kraters, in dem eine Temperatur von über 4000° C. herrscht. Dieser Lichtbogen entsendet ein sehr kräftiges UV-Spektrum. Da sich die Kohlen schnell verbrauchen, muß durch Reguliervorrichtungen der Kohlenabstand laufend nachreguliert werden. Durch Steigerung des Luftdruckes ließe sich eine noch wesentlich größere Ausbeute an UV-Strahlung erzielen, jedoch läßt sich diese Steigerung therapeutisch nicht ausnutzen, weil die hohe Temperatur störend und unerwünscht ist und ausgeschaltet werden muß. Das kann entweder durch ein Kühlsystem aus Bergkristall geschehen, das von kaltem Wasser durchströmt wird und die Wärme ableitet und sich unmittelbar an der Haut des Patienten befindet; oder es können Strahlenfilter vorgeschaltet werden in Form von Behältern mit ammoniakalischer Kupfersulfatlösung, die den Wärmestrahlenanteil — rot und ultrarot — absorbieren.

Derartige Anlagen sind bekannt als **Finsenapparaturen.** Der Lichtbogen befindet sich in einem Linsensystem aus Quarzplatten. Die Linsen sammeln die wirksame UV-Strahlung; durch eine breite Wasserschicht werden die Wärmestrahlen absorbiert. Finsenapparate findet man als Großanlagen in Lichtinstituten, großen Kliniken, Kurhäusern usw., wo die Lichttherapie in großem Umfange ausgeübt wird.

Als Teilstrahler für UV-Licht ist noch die **Kromeyerlampe** bekannt, eine Quarzlampe besonderer Konstruktion für Lokalbehandlungen. Sie besteht aus einem U-förmigen Quarzrohr mit Wasserkühlung. Bestrahlt werden damit z. B. lokale Eiterherde (bakterizide Wirkung) und Hauterkrankungen, wozu auch bestimmte Haarbodenerkrankungen gehören.

Während der Ausführung einer Bestrahlung mit UV-Licht müssen unbedingt Patienten und Bestrahlungspersonal sowie alle sonst im Raum anwesenden Personen (Angehörige bei Kindern) die Augen durch Tragen von Schutzbrillen schützen, da das Auge am empfindlichsten gegen das UV-Licht ist und schwer geschädigt werden kann. Bei Lokalbestrahlungslampen ist auf die Reinigung der Druckquarzfenster große Sorgfalt zu verwenden. Sie werden mit Watte und Benzin oder Alkohol gereinigt, denn schon die dünnste Schmutzschicht absorbiert bereits die Strahlung. Bei Lokalbehandlungen muß man ferner stets die Umgebung des Krankheitsherdes, d. h die gesunde Haut durch Schablonen, eventuell durch Lichtschutzsalben abdecken. Abdeckfolien bestehen zweckmäßigerweise aus Pappe, Papier oder Wachstuch oder es genügen auch weiße Tücher oder Zellstoff. Der Brennerabstand soll bei Allgemeinbestrahlungen nicht unter 1 m liegen, bei Nahbehandlungen etwa 50 cm betragen.

6. Röntgentherapie und 7. Radiumtherapie

Diese beiden Gebiete sollen an dieser Stelle nur erwähnt werden, weil sie als Anwendung von Wellenstrahlungen hier in den großen Zusammenhang der physikalischen Therapie hineingehören, sonst aber für die technische Assistentin ein Arbeitsgebiet für sich bilden.

A. Grundlagen der Elektrophysik

Die Elektrizität ist eine der Energieformen der Natur. Sie ruht entweder in einer Kräftebalance = **Elektrostatik** oder wird in Bewegung wirksam als **elektrischer Strom.** Elektrischer Strom sind die fließenden Elektronen, sie sind als Bausteine des Atoms Elementarteilchen der Materie. Die Elektronen bilden die Atomhülle und tragen eine negative elektrische Ladung, die man als Elementarladung bezeichnet. Sie wird gebunden durch die positive elektrische Ladung der Protonen des Atomkerns, so daß das Atom selbst elektrisch neutral ist.

Die Wirkung der Ladungen aufeinander wird zusammengefaßt im **Coulombschen Gesetz: Ungleichnamige Ladungen ziehen sich an, gleichnamige stoßen sich ab.** Die elektromotorische Kraft = EMK, die wirksam ist, wenn sich zwei Ladungen gegenüberstehen, ist um so größer, je größer die Ladungen sind und je kleiner ihr Abstand voneinander ist.

Die elektromotorische Kraft zwischen zwei Elementarladungen in einem Abstand von 1 cm in Luft oder Vakuum bezeichnet man als = **1 dyn.** Auf diesen Elementareinheiten und ihren Beziehungen zueinander beruhen alle elektrischen Maßwerte. 3 Milliarden elektrostatischer Einheiten = 1 Coulomb.

Elektrischer Strom bedeutet die Bewegung von Elektronen. Ein Strom kann nur fließen, wenn der Stromkreis geschlossen ist, d. h. wenn der positive Pol = **Anode** und der negative Pol = **Kathode**, zwischen denen eine Niveaudifferenz = **Spannung** besteht, miteinander verbunden sind. Die Energie dieses Stromes ist abhängig von der Anzahl der vorhandenen Elektronen = **Stromstärke,** also im allgemeinen von dem Querschnitt des Leiters, und von dem **Widerstand,** den dieser dem Strom entgegensetzt. Beide zusammen bestimmen die Bewegungsgeschwindigkeit = **die Spannung.**

Die Maßeinheit für die Spannung ist das Volt.

1 Volt = ist die elektromotorische Kraft, die in einem Leiter von 1 Ohm Widerstand einen Strom von 1 Ampere erzeugt.

Die Stromstärke wird gemessen nach Ampere.

1 Ampere = entspricht der Elektrizitätsmenge von 1 Coulomb, die in 1 Sekunde in einem Leiter vorbeifließt.

$$1 \text{ Ampère} \quad \frac{1 \text{ Coulomb}}{1 \text{ Sekunde}}$$

Den Widerstand mißt man nach Ohm.

1 Ohm = ist der Widerstand, den eine Quecksilbersäule von 1 qmm Querschnitt und 1 m Länge dem Strom entgegensetzt.

Durch die drei Größen Volt, Ampere und Ohm wird ein elektrischer Strom bestimmt. Ändert sich eine von ihnen, so verändern sich die beiden anderen entsprechend. Diese Beziehungen werden ausgedrückt durch das **Ohmsche Gesetz:**

Die Spannung ist gleich dem Produkt aus Stromstärke und Widerstand. Bei steigendem Widerstand steigt die Spannung und die Stromstärke fällt; oder die Stromstärke steigt bei abnehmendem Widerstand und die Spannung sinkt. In Formeln ausgedrückt:

$$\text{Volt} = \text{Ampere} \times \text{Ohm}$$

$$\text{Ampere} = \frac{\text{Volt}}{\text{Ohm}}$$

$$\text{Ohm} = \frac{\text{Volt}}{\text{Ampere}}$$

Das Fließen eines elektrischen Stromes ist abhängig von der elektrischen Leitfähigkeit des Stoffes, in dem er fließt, und von seinem Aggregatzustand. Es bestehen erhebliche Unterschiede zwischen festen Körpern, Flüssigkeiten und Gasen in ihrem Verhalten zum elektrischen Strom.

Man unterscheidet ganz allgemein zwischen **guten Leitern** = das sind Metalle; **Halbleitern,** das sind Stoffe, die z. B. in trockenem Zustand nicht leitend sind, feucht aber zu guten Leitern werden können. (Deswegen sollen sie z. B. als Polstermaterial — wie Kunstleder — für elektrotherapeutische Behandlungslager nicht verwendet werden.) Ferner gehören zu den Halbleitern organische Stoffe, von Strahlen getroffene Luft und anderes Zu den **Nichtleitern oder Isolatoren** gehören Porzellan, Kautschuk, Seide, Glimmer, Kunststoffe wie Pertinax u. a.

Die Leitung des elektrischen Stromes in festen Körpern wird beeinflußt vom Zustand der Stoffe und bestimmt durch das Ohmsche Gesetz. Sie stellen den Widerstand eines Stromkreises dar; dieser kann sich ändern z. B. durch Temperaturerhöhung. Er wird dadurch in Metallen höher und bei Kohle geringer. Er ändert sich auch durch Belichtung, am stärksten beim Selen (Anwendung in der Strahlenmeßtechnik). Der Widerstand wird dabei erheblich herabgesetzt.

Die elektrische Leitfähigkeit in Flüssigkeiten beruht auf komplizierteren Vorgängen und für sie gelten die Faradayschen Gesetze.

Der Stromdurchgang durch eine Flüssigkeit = Elektrolyt setzt das Vorhandensein oder Freiwerden von Ladungsträgern = Ionen voraus. Von der Zahl der Ladungsträger, d. h. der Konzentration einer Lösung, ist die elektrische Leitfähigkeit abhängig.

Die Lösung eines Salzes, einer Säure oder Base in Wasser bedeutet die Aufspaltung seiner Moleküle in Ionen, sie wird als Dissoziation bezeichnet. So besteht z. B. das Molekül Kochsalz NaCl aus einem Atom Na und einem Atom Cl, deren Elektronen auf der äußeren Bahn sich gerade zu einer vollen Elektronenschale ergänzen und so die feste Verbindung NaCl ergeben. Bei einer Lösung in Wasser trennt sich nicht das Na-Atom vom Cl-Atom, sondern die Elektronenschale des Cl behält das ihr fehlende Elektron und hat also damit eine überschüssige negative Ladung, während das Na nun eine positive Kernladung nicht absättigen kann. Es sind so Na^+ und Cl^--Ionen entstanden.

Wird nun durch solch eine Lösung ein elektrischer Strom geleitet, dann setzen sich die Ionen entsprechend dem Gesetz über die Anziehung der Ladung in Bewegung zu den entgegengesetzten Polen des Stromkreises hin. Das Na^+-Ion wandert zur Kathode hin und ist daher ein **Kation;** entsprechend wird das Cl^--Ion zum **Anion.**

Bei der Ankunft der Ionen an den Elektroden wird ihre Ladung neutralisiert und aus einem Na-Ion wird wieder ein Na-Atom. Man kann daher mit Hilfe des elektrischen Stromes aus einer Lösung Stoffe isolieren durch Zerlegung der Moleküle. Den Vorgang bezeichnet man als **Elektrolyse,** die bestimmt wird nach dem Faradayschen Gesetz:

Die an der Elektrode abgeschiedene Stoffmenge ist der durch den Elektrolyten hindurchgegangenen Stromstärke proportional.

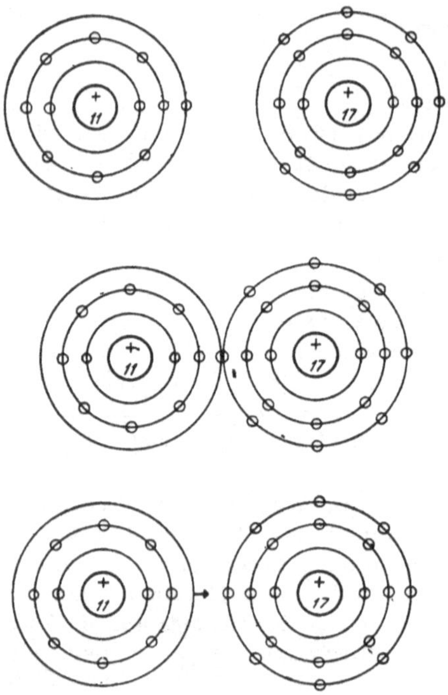

Abb 16
Entstehung eines NaCl Moleküls und seine Dissoziation

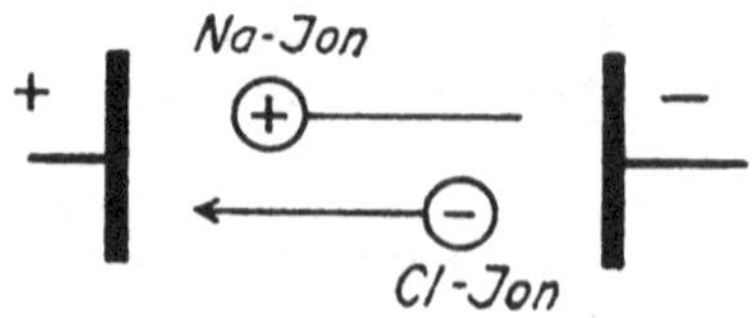

Abb 16
Bewegungsrichtung von Anionen und Kationen bei Anlegung von elektrischem Strom

Die elektrische Leitfähigkeit in Gasen. Der Durchgang des elektrischen Stromes durch ein Gas hängt ebenfalls von seiner Dissoziation, d. h. von seiner Spaltung in Ionen ab, ferner von der Gasdichte und von der angelegten Spannung. Gase sind im allgemeinen schlechte elektrische Leiter. Kommt ein Stromdurchgang zustande, so bezeichnet man ihn als Gasentladung, er setzt die Ionisation des Gases voraus. Es sind immer nur wenige freie Ionen vorhanden, bei größeren Spannungen werden aber durch den Strom Moleküle in Ionen gespalten — der Vorgang der Stoßionisation — und dabei wächst die Stromstärke bis zur Sättigung. Der

Sättigungsstrom bedeutet die Bewegung aller in einer Zeiteinheit gebildeten Ionen, d. h. die Stromstärke kann darüber hinaus nicht mehr gesteigert werden.

Die Entladungserscheinung ist abhängig von der Gasdichte oder dem Druck des Gases und kann als Spitzenentladung, Glimmentladung oder Funkenentladung auftreten.

Nach der Art der Bewegung der Elektronen in einem Leiter unterscheiden wir verschiedene Stromarten. Bleibt die Bewegungsrichtung der Elektronen immer die gleiche, so bezeichnet man den Strom als **Gleichstrom** oder in der Medizin als **Galvanischen Strom,** weil ein Galvanisches Element Gleichstrom liefert.

Ändert sich die Bewegungsrichtung der Elektronen rhythmisch, so spricht man von einem Wechselstrom oder im medizinischen Sprachgebrauch vom **faradischen Strom.**

Als **Drehstrom** oder Dreiphasenstrom bezeichnet man eine Stromart, die aus drei um je 120° verschobenen Wechselströmen besteht, bei der die Elektronen in Drehbewegungen versetzt werden. In der Therapie wird er nicht verwendet.

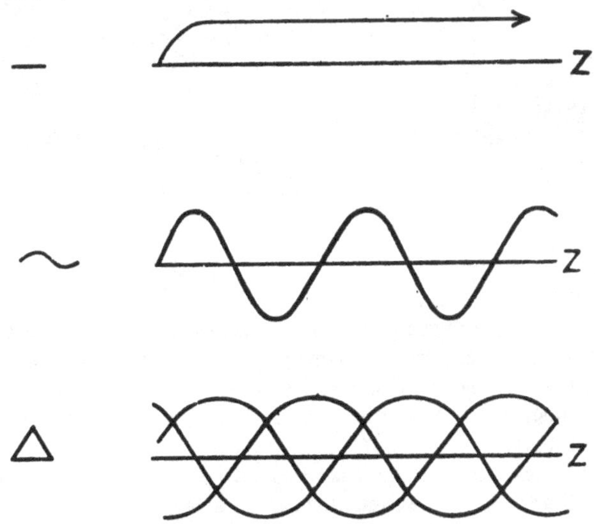

Abb 17 Graphische Darstellung der einzelnen Stromarten und ihre Schriftzeichen

Die Erzeugung elektrischen Stromes kann auf verschiedenen Ursachen beruhen. Die älteste bekannte Methode ist die der Reibungs- oder Berührungselektrizität; sie entsteht durch Reibung von zwei Isolatoren gegeneinander; z. B. beim Reiben eines Hartgummistabes mit einem Fell, wobei der Hartgummi sich negativ elektrisch auflädt. (Elektrisiermaschine.)

Elektrische Energie kann auch aus chemischer Energie gewonnen werden, was darauf beruht, daß zwischen zwei Stoffen Spannungsdifferenzen auftreten. Die Anwendung dieser Möglichkeit erfolgt z. B. im **Gal-**

vanischen Element mit Hilfe eines Elektrolyten. Der bei der Verbindung der Stoffe entstehende elektrische Strom ist ein Gleichstrom.

Wo immer ein elektrischer Strom fließt, bildet sich um den Leiter herum ein magnetisches Feld. Also muß sich auch umgekehrt mit Hilfe eines magnetischen Feldes ein elektrischer Strom erzeugen lassen. Darauf beruht die industrielle Stromerzeugung. Bewegt man einen Leiter durch ein magnetisches Feld, so entsteht während der Bewegung in dem Leiter ein elektrischer Strom. Diesen Vorgang bezeichnet man als **Induktion.** Eine kontinuierliche Stromerzeugung durch Induktion setzt eine dauernde Bewegung voraus; sie ist nur möglich entweder durch Hin- und Herbewegung eines Leiters durch ein ruhendes Magnetfeld, oder aber durch Bewegung eines Kraftfeldes (Auf- und Abbau eines Magnetfeldes) durch einen ruhenden Leiter. In jedem Fall ändert sich dabei die Richtung der Bewegung und der induzierte Strom ist stets ein Wechselstrom. Die Möglichkeit der Stromerzeugung auf induktivem Wege hat uns Werner von

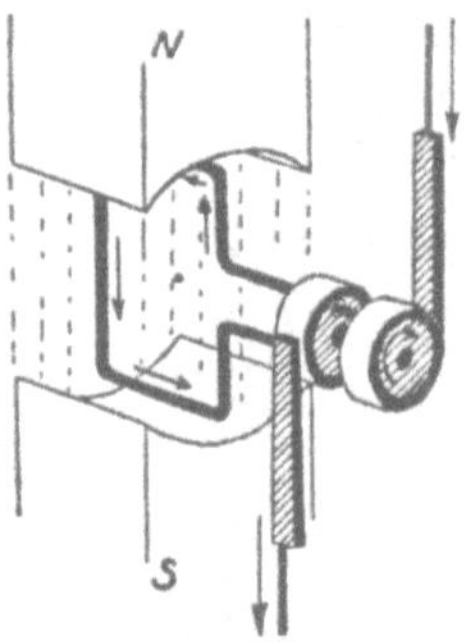

Abb 18
Schema des Dynamoprinzips

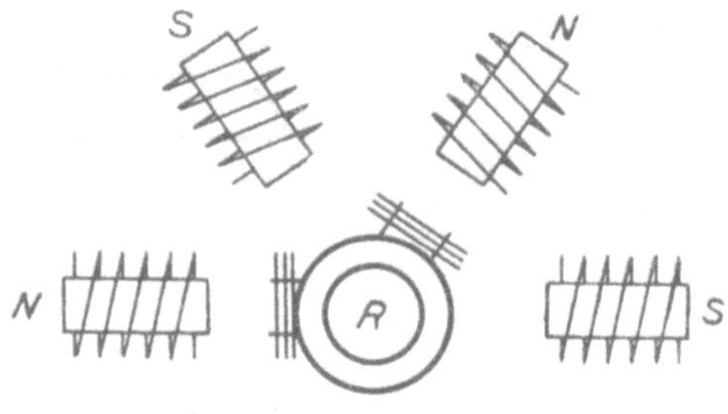

Abb 19 Prinzip des Generators

Siemens durch seine Dynamomaschine gegeben. Sie besteht im Prinzip aus zwei Feldmagneten, einem Nordpol und einem Südpol, durch deren Felder auf einer rotierenden Achse ein Leiter in Form einer Spule bewegt wird, wobei also eine gleichbleibende Bewegung durch entgegengesetzte Kraftfelder erfolgt.

Die Größe des induzierten Stromes hängt ab:

1. von der Stärke des Magnetfeldes,
2. von der Geschwindigkeit der Bewegung.

Um die Stärke des erzeugten Stromes zu erhöhen, werden die Magnetfelder verstärkt, indem um die Feldmagnete Spulen gewickelt werden, in die hinein der induzierte elektrische Strom geleitet wird. Aus den Feldmagneten sind Elektromagnete geworden, es hat sich so das magnetische Kraftfeld verstärkt, was nun wieder eine Erhöhung des induzierten Stromes zur Folge hat. So „schaukelt" sich die Dynamomaschine selbst auf bis zur Sättigung der Magnete, erst dann kann bei gleichzeitiger Erreichung der Höchstgrenze der Bewegungsgeschwindigkeit die maximale Stromleistung einer solchen Maschine abgenommen werden.

Zur Verwendung in der Therapie bedürfen die erzeugten Ströme ganz bestimmter Eigenschaften, wie z. B. feinste Regulierbarkeit, bestimmte Spannungshöhe und bestimmte Frequenzen, d. h, Wechselzahl pro Sekunde

Zur Erzielung hoher Spannungen benutzt man entweder einen **Induktor** oder einen **Transformator.**

Der **Induktor** besteht aus einer Primärspule, die einen Eisenkern enthält zur Verstärkung des magnetischen Feldes, und darüber gewickelt, durch Seide und Kautschuk isoliert, eine Sekundärspule. Die Primärspule besteht aus dickem Draht mit wenig Windungen. Es wird unterbrochener Gleichstrom in die Spule hineingeschickt, zwecks Bewegung d. h. Aufbau und Abbau des magnetischen Kraftfeldes um die Primärspule herum. Die Kraftlinien des Magnetfeldes schneiden dabei die Windungen der Sekundärspule, die aus einem sehr langen und dünnen Draht gewickelt ist und induzieren in dieser infolge ihres großen Widerstandes eine hohe Spannung. Charakteristisch für den Induktor ist der asymmetrische, hochgespannte Wechselstrom der Sekundärspule, der dadurch zustandekommt, daß beim Öffnen des primären Stromkreises durch den Unterbrecher die entstehende Selbstinduktion (Induktion des eigenen Leiters durch die Bewegung des entstehenden Kraftfeldes) unterdrückt wird. (Beim Röntgeninduktor z. B. durch den Rotaxunterbrecher.) Die Unterdrückung bedeutet Zeitverkürzung und somit Erhöhung der sogenannten Öffnungsspannung. Praktisch in der Therapie benutzt man Induktoren zur Erzielung hochgespannter Gleichstromstöße.

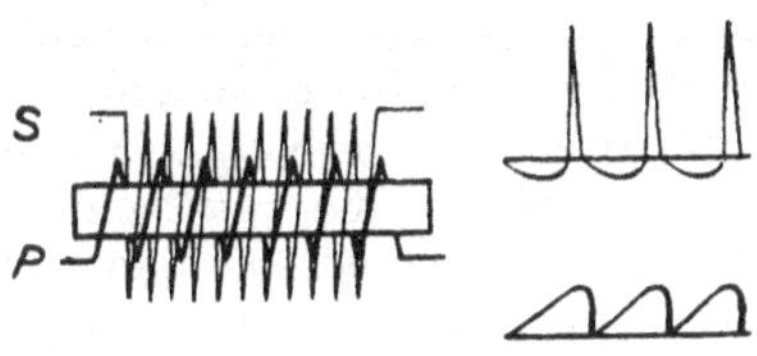

Abb 20a
Induktor und seine Stromkurven

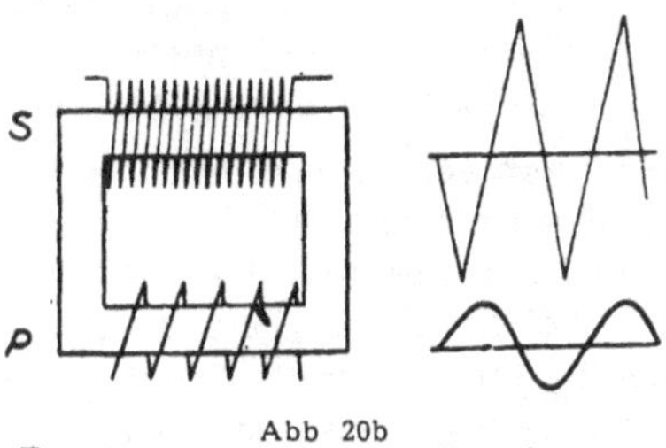

Abb 20b
Transformator und seine Stromkurven

Der Transformator spannt niedergespannten in hochgespannten Wechselstrom um, oder umgekehrt, ebenfalls mit Hilfe zweier Spulen. Zur völligen Ausnutzung des Magnetfeldes besitzt ein Transformator einen geschlossenen Eisenkern, auf dessen einen Schenkel die Primärspule, und auf dem anderen, dem gegenüberliegenden Schenkel, die Sekundärspule gewickelt ist zur größeren Isolation voneinander Der Eisenkern mit seinen beiden Spulen befindet sich in einem Öltank. Durch Verbesserung der Isolation, vollständige Ausnutzung der Magnetkraft können mit einem Transformator sehr viel höhere Spannungen als mit dem Induktor erzielt werden. Die Primärspule wird mit Wechselstrom gespeist und sekundär ein gleichmäßiger, sinoidaler (als sinoidale Ströme bezeichnet man solche Ströme, die eine völlig gleichmäßige graphische Kurve haben wie eine Sinuskurve, im Gegensatz zu asymmetrischen Kurven) Wechselstrom erzeugt. Die Höhe der induzierten Spannung ist abhängig von dem Übersetzungsverhältnis der primären zur sekundären Spule, d. h. von dem Verhältnis der Länge und Dicke der Primärspule zur Länge und Dicke des Drahtes der Sekundärspule. Die Höhe der Spannung kann reguliert werden durch Änderung des Übersetzungsverhältnisses, dies geschieht durch Ausschalten von Widerständen = Windungen der primären Spule. (Walterschaltung.)

Zur Erzeugung hoher Frequenzen dient der elektrische Schwingkreis. Er besteht aus der Kombination von Kondensator und Spule.

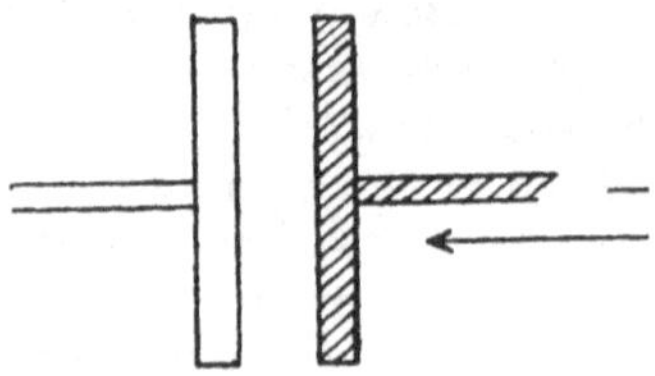

Abb 21
Blockkondensator im Gleichstromkreis

Ein Kondensator ist ein Speicher elektrischer Ladungen. Er besteht aus zwei Metallplatten, die durch einen Isolator z. B. Luft voneinander getrennt sind. Sein Fassungsvermögen = seine **Kapazität** hängt ab von den Eigenschaften des Isolators, von der Größe der Platten und von deren Abstand voneinander.

Bringt man einen Kondensator in einen Gleichstromkreis, so sperrt oder blockiert er den Gleichstrom; er ist ein **Blockkondensator.** Der Gleichstrom kann nicht fließen, der Kondensator lädt sich auf, von dem nun eine elektrische Erregung entsprechend der Feldstärke (sie ergibt sich aus Spannung und Elektrodenabstand) ausgeht. Im Isolator d. h. dem Medium zwischen den Elektroden, oder **dem Dielektrikum** werden bei Vorhandensein einer elektrischen Erregung die positiven und negativen Ladungen der Moleküle getrennt. Das bedeutet, daß die Ladungen innerhalb eines Moleküls sich an zwei entgegengesetzten Polen sammeln, was wahrscheinlich auch eine Formveränderung des Moleküls zur Folge hat. Man bezeichnet solche geladenen Moleküle als **Dipole** und diese verschieben sich zu den entgegengesetzten elektrischen Polen hin, was als **dielektrische Verschiebung** bezeichnet wird. Bei Gleichspannung besteht also ein konstantes oder stationäres elektrisches Feld, es fließt aber kein Strom.

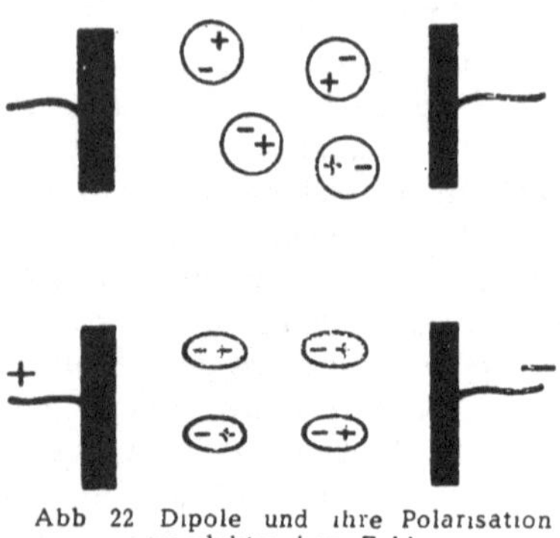

Abb 22 Dipole und ihre Polarisation im elektrischen Feld

Ganz anders verhält sich ein Kondensator im Wechselstromkreis, für den er kein absolutes Hindernis darstellt, weil dann die dielektrischen Verschiebungen infolge des Ladungswechsels der Kondensatorplatten sich ändern, die Ladungsträger bewegen sich also, und bewegte Ladungen sind ja ein elektrischer Strom! Dieser wird nun als **Verschiebungsstrom** bezeichnet. Er ist um so größer, je größer die Kapazität und je höher die Frequenz des Wechselstroms ist. Anders ausgedrückt ist der Widerstand eines Kondensators, den man den **kapazitiven Widerstand** nennt, gegenüber Wechselstrom abhängig von seiner Kapazität und seiner Frequenz; d. h. je kleiner die Kapazität und je kleiner die Frequenz um so größer der Widerstand. Das Feld zwischen den Kondensatorplatten bezeichnet man jetzt als ein elektrisches Wechselfeld entsprechend der Frequenz des Wechselstroms, z. B. ein Kurzwellenfeld. (KW-Feld.)

Die Bewegung der Dipole im KW-Feld geht nicht reibungslos vor sich, sondern es geht Energie dabei verloren, die sich in **Joulesche Wärme** umwandelt. Das ist der dielektrische Verlust.

Der Verlust im Dielektrikum ist sehr verschieden und ist abhängig von der stärkeren oder geringeren Elektronendurchlässigkeit, bzw. seiner elektrischen Leitfähigkeit. Diese Leitfähigkeit im Dielektrikum wird ausgedrückt durch die **Dielektrizitätskonstante.** Das ist ein Wert, der angibt, wievielmal größer die Leitfähigkeit eines Stoffes ist als Luft. Für die Leitfähigkeit der Luft ist der Wert 1 gesetzt; für alle anderen Stoffe ist er höher; z. B. für Wasser D. E. K. 80, für Körperflüssigkeit und Gewebe 80 bis 90. Der menschliche Körper läßt also mindestens 80mal leichter das elektrische Feld hindurch als die Luft; oder mit anderen Worten: die Luft hat einen 80mal größeren kapazitiven Widerstand als der Körper.

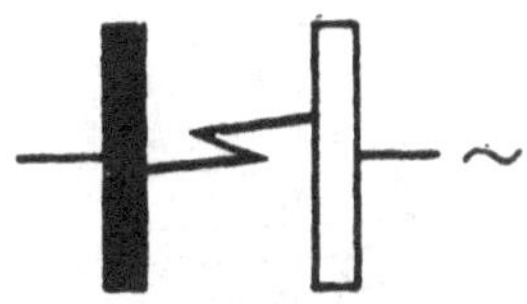

Abb. 23
Kondensator im Wechselstromkreis

Der zweite Bestandteil eines Schwingkreises ist die Spule. Für die Strommenge in einer Spule ist bei Gleichstrom der Widerstand = **Ohmscher** Widerstand maßgebend. Genau wie die Spannung erreicht der Strom nicht sofort beim Einschalten seine volle Stärke, sondern wird von der **Selbstinduktion,** deren Größe von der Größe der Spule abhängig ist, beeinflußt. Der Strom steigt allmählich an und eilt der Spannung nach. In einem Wechselstromkreis haben daher Strom und Spannung nicht die gleiche Phase; die Stromkurve läuft der Spannungskurve um 90° nach. Dieses wird als **Phasenverschiebung** bezeichnet. Wird nun ein Kondensator in einen Wechselstromkreis eingeschaltet, so ändert sich die Phasenverschiebung, der Strom läuft der Spannung dann um 90° voraus.

Der Wiederstand einer Spule bei Wechselstrom ist proportional der Größe der Selbstinduktion und der Frequenz.

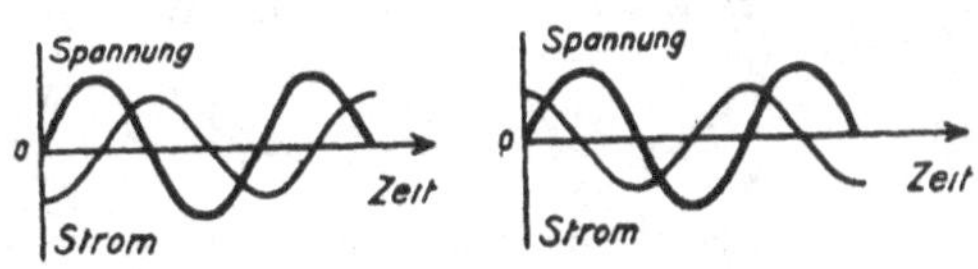

Abb. 24
Die Phasenverschiebung im Wechselstromkreis
a) bei einer Spule, b) bei einem Kondensator

Die Kombination eines Kondensators mit einer Spule ergibt den elektrischen Schwingkreis.

. Stehen sich zwei Ladungen eines Kondensators gegenüber, so gibt es zwei Möglichkeiten der Entladung:

1. Die Entladung erfolgt in Form eines elektrischen Funkens bei einer dem Abstand und dem Isolator entsprechenden Spannung (Blitz beim Gewitter), wobei die Entladung in der Weise verläuft, daß die Energie zwischen den beiden Kondensatoren hin- und herwechselt bis zum völligen Verbrauch der Energie — d. h. in Form eines außerordentlich kurzzeitigen Wechselstrom mit rasch abfallender Spannung =**Oszillatorische Entladung.**

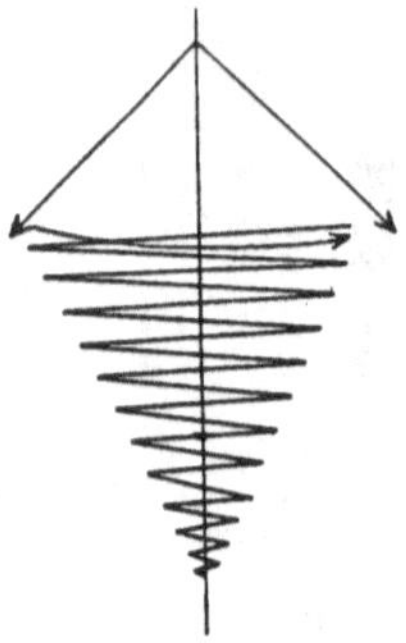

Abb. 25
Ein Pendel ergibt eine gedämpfte Schwingung

2. Die Entladung eines Kondensators kann über eine leitende Verbindung beider Kondensatorplatten erfolgen, die Selbstinduktionsvermögen besitzt und deshalb auch kurz Selbstinduktion genannt wird. Die Entladung erfolgt nun durch Hin- und Herpendeln oder Schwingen der Energie von einer Kondensatorplatte zur anderen über die Strombahn, wobei die Energie der Schwingung wie bei einem Pendel abnimmt, was man als **Dämpfung** bezeichnet. Sowohl der Funke einer Leydener Flasche wie die Entladung eines Kondensators über eine Strombahn sind **gedämpfte Schwingungen.**

Für die Größe der Dämpfung bestehen folgende Beziehungen:

1. Je größer die Dämpfung, um so weniger Schwingungen bis zur Ruhe,
2. je kleiner die Dämpfung, um so mehr und gleichmäßigere Schwingungen bis zur Ruhe.

Eine **ungedämpfte Schwingung** erhält man durch Aufhebung der Dämpfung, was z. B. beim Uhrpendel durch ein Federwerk geschieht.

Um eine kontinuierliche elektrische Schwingung zu erhalten, muß der Kondensator immer wieder neu aufgeladen werden. Man kann hierzu benutzen

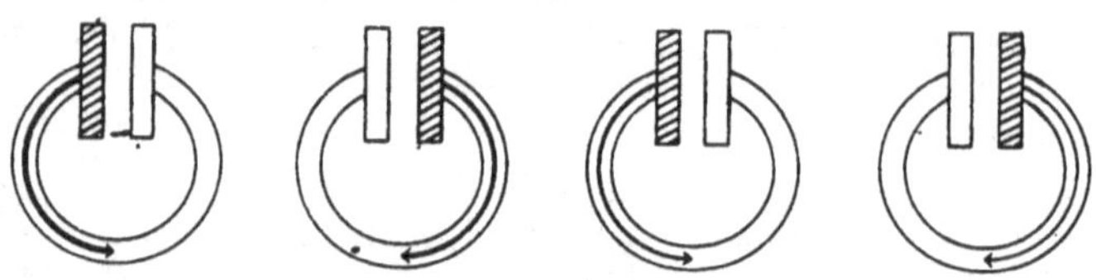

Abb. 26 Im Schwingkreis nimmt die Energie der Schwingung ab wie bei einem Pendel

1. eine Funkenstrecke — sie ergibt gedämpfte Schwingungen,
2. einen elektrischen Lichtbogen, der fast ungedämpfte Schwingungen ergibt und
3. eine Elektronenröhre, die ungedämpfte Schwingungen erzeugt.

Die Zahl der Schwingungen oder Frequenz ergibt sich aus dem Produkt der Kapazität des Kondensators und der Größe der Selbstinduktion = C. L.

Je kleiner das Produkt von C. L. ist um so größer wird die Frequenz — oder umgekehrt, je größer das Produkt von C. L. ist um so kleiner wird die Frequenz.

Abb 27 Gedämpfte und ungedämpfte Schwingungen a) ungedämpft b) gedämpft

B. Elektrotherapie

a) Galvanisation

Unter Galvanisation versteht man die therapeutische Anwendung von **konstanten** Gleichströmen verschiedener Spannung und Stärke. Da durch den elektrischen Strom Reize auf den Körper ausgeübt werden, muß stets sehr langsam auf die gewünschte Intensität einreguliert werden, d. h. der Strom muß sich langsam „einschleichen", wie es ja von jedem elektrischen Widerstand her als selbstverständlich bekannt ist.

Der menschliche Körper stellt einen elektrischen Leiter dar, umgeben von der schlecht leitenden Haut. Beim Fließen eines Stromes durch den Körper treten folgende Erscheinungen auf:

Wärmewirkung. Umsetzung elektrischer Energie in Wärme = Joulesche Wärme.

Elektrische Dissoziation, nämlich die Spaltung der Moleküle gelöster Stoffe in leitfähige Komponenten. Da der menschliche Körper aus rund 80% Wasser besteht, gleicht er einem Elektrolyten. Es kommt beim Fließen eines elektrischen Stromes zu einer Ionenverschiebung, an der Anode zu einer Sauerstoff- und Säurerestabscheidung, d. h. zu einer Ansäuerung, und an der Kathode zur Wasserabscheidung und zur Alkalisation. Es lassen sich dabei unterscheiden:

a) **die Elektroendosmose = EEO,** bei der vorwiegend durch den elektrischen Strom Flüssigkeitsteilchen wandern und zwar zur Kathode hin. Es wird eine Wasseranreicherung im Kathodenbereich erzielt (und an der Anode entsprechend eine Wasserverarmung). Außerdem verändert sich die H-Ionenkonzentration. Steht dagegen der Transport von Anionen im Vordergrund, so spricht man von einer

b) **Iontophorese.** In wäßrigen Lösungen von Salzen und Säuren wandern die Atome der Metalle und der Wasserstoff (H), die positive Ladung haben, zur Kathode, ebenso Radikale wie z. B. NH_4 = Ammonium. Zur Anode hin wandern die negativ geladenen Säurereste ($—SO_4$, $—NO_3$) und der Sauerstoff. Die menschliche Haut ist für Ionen durchlässig, und daher ist es möglich, Medikamente mit Hilfe des galvanischen Stroms in den Körper hineinzubringen wie z. B. Atophan zur örtlichen Schmerzlinderung. Es ist die Kenntnis der physikalischen Vorgänge notwendig, um bei der Ausführung einer Iontophorese Fehler durch falsches Anlegen der Elektroden zu vermeiden.

Elektrotonische Wirkungen. Sie bestehen in der Veränderung der Erregbarkeit und der Erregungsfähigkeit, wie sie versuchsweise an einem Eiweißstück beobachtet werden kann: an der Anode kommt es zur Zusammenziehung und an der Kathode zu einer Quellung des Eiweiß. (Du Bois-Reymondscher Versuch.) Bei Nerven ist die Reaktion umgekehrt. Daraus ergeben sich im Einzelnen und im Zusammenhang die verschiedensten Wirkungen im Körper, die als elektrotonische Wirkungen bezeichnet werden.

Veränderungen der Permeabilität, worunter eine polare Durchlässigkeitsänderung der Zellmembran zu verstehen ist, und zwar eine Aufquellung der Membran an der Kathode und eine Verdichtung an der Anode.

Technische Ausführung der Galvanisation

Die Energiequelle muß absolut konstanten und sehr feinstufig zu regulierenden Strom liefern bis zu einer Stromstärke von 1 Ampere und muß mit einem genauen Meßinstrument versehen sein. Es sind heute meistens Netzanschlußapparate im Gebrauch, die einen rotierenden oder ruhenden Umformer haben. Am bekanntesten ist der **Pantostat** von Siemens, der entweder als Motorpantostat oder als Röhrenapparat gebaut ist. **Das Einschalten des Apparates geschieht stets nach Anlegen der Elektroden und darf niemals bei voller Belastung erfolgen.** Es sind deshalb am Pantostaten z. B. Schiebekontakte vorhanden, um das „Einschleichen" des Stromes zu gewährleisten; sie dürfen stets nur langsam bewegt werden.

Abb 28 Der Motorpantostat v Siemens

Der Pantostat ist ein vielseitig verwendbares Gerät. Neben dem galvanischen Strom liefert er auch sinoidale Ströme; es ist auch die Möglichkeit zu einer Behandlung mit Mischstrom = Galvano-Faradisation gegeben. Ein Umschalter erlaubt die Stromrichtung ohne Umstecken der Kabel zu

Abb 29 Siemens Röhrenpantostat

ändern, was allerdings niemals bei eingeschaltetem Strom erfolgen darf. Ferner kann man dem Apparat Strom für Kaustik und zur Endoskopie entnehmen. Schließlich kann man durch Ansatzgeräte die Umdrehungen des Motors zur Erzeugung von Schwellströmen oder zur Vibrationsmassage oder auch zur Trommelfellmassage ausnutzen.

Alle Elektroden zur galvanischen Behandlung in den verschiedensten Formen und Größen — wie Platten, Knöpfe, Rollen — bestehen aus Metall, das mit Watte und Mull oder mit Frottierstoff übezogen ist und vor Beginn

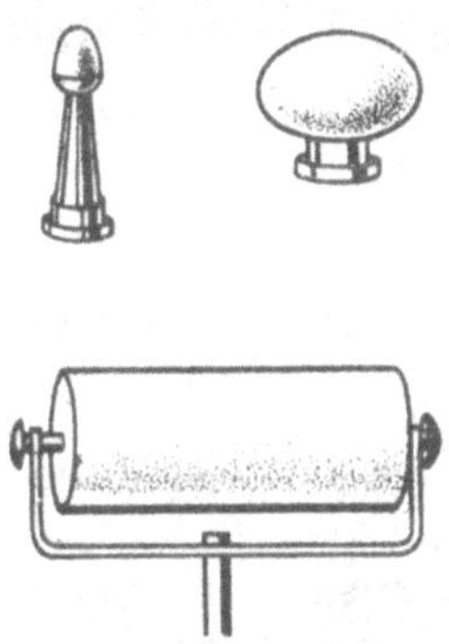

Abb 30
Knopf- und Rollenelektroden zur Galvanisation und Faradisation

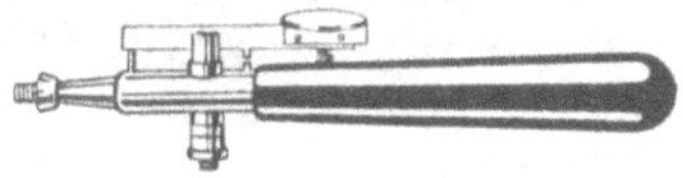

Abb 31 Elektrodenhalter
a) Mit Handschalter

b) Ohne Handschalter

c) Kleiner Elektrodenhalter

der Behandlung mit lauwarmem Wasser oder physiologischer Kochsalzlösung angefeuchtet werden muß. Die Behandlung kann auch ausgeführt werden, indem eine oder beide Elektroden in Flüssigkeit eingetaucht werden, wie es bei den Zellenbädern bzw. dem Vierzellenbad der Fall ist.

Das Vierzellenbad besteht aus zwei Armwannen und zwei Fußwannen, in die der Patient Unterarme und Füße eintaucht zur Ausführung einer Längsdurchströmung. Dabei ist genauestens auf die Angabe des Arztes für die Polung der 4 Elektroden zu achten, denn die Stromrichtung bestimmt den Erfolg der Behandlung. Absteigender Strom (Anode: Zentralnervensystem und Kathode an den Füßen) hat eine Beruhigung und Schmerzlinderung zur Folge, die bis zur sogenannten Galvano-Narkose gesteigert werden kann. Die umgekehrte Stromrichtung, also aufsteigender Strom, ruft Muskelkrämpfe hervor.

Abb. 32 Vierzellenbad

Der galvanische Strom bewirkt eine aktive langanhaltende Hyperaemie, eine Erhöhung des Tonus der Muskulatur gelähmter Muskelgebiete, hauptsächlich aber Beruhigung und Schmerzlinderung. Schwacher galvanischer Strom hat eine Gefäßerweiterung zur Folge und bewirkt damit eine Senkung des Blutdruckes. Beispiele für Anwendungsgebiete sind: Arthritis, Rheuma, Migräne, Lähmungen, Asthma.

Bei jeder Ausführung einer galvanischen Behandlung muß man sich nach der speziellen Anordnung des Arztes richten. Allgemeine Richtlinien können dafür nicht gegeben werden.

b) Elektrophorese

Die Elektrophorese ist das Verfahren mittels Gleichstrom Substanzen durch die Haut in den Körper einzuführen, die sonst nur schwer eindringen oder schlecht direkt an die gewünschte Stelle zu bringen sind.

Nachteile der Behandlung sind heute noch das Fehlen einer exakten Dosierung und eine relative Verschwendung von Medikamenten, da nur ein geringer Teil derselben durch die Haut aufgenommen wird. Infolgedessen ist die Elektrophorese in ihrer Anwendung vorläufig noch auf Kliniken und größere Institute beschränkt.

Physikalisch handelt es sich um eine Wanderung von Trägern elektrischer Ladung. Eine dissoziierte Flüssigkeit enthält bekanntlich Ionen (Anionen und Kationen), die bei Stromdurchgang zu den entgegengesetzten Polen wandern. Hier handelt es sich um die Ionen des Medikamentes. Steht die Wanderung von Ionen (Anionen) im Vordergrund, so spricht man von einer **Iontophorese**, bei vorwiegender Wanderung von Kationen, das sind praktisch die Flüssigkeitsmoleküle, von **Elektroendosmose.**

Da Flüssigkeitsteilchen und Ionen entgegengesetzte Ladungen besitzen, wird es verständlich, daß Iontophorese und Elektroendosmose entgegengesetzt arbeiten. Die Ionen sind die Träger des Stromes, daher ist die Iontophorese identisch mit elektrolytischer Leitung, sie wird deshalb um so wirksamer sein, je mehr Ladungsträger zur Verfügung stehen, also durch Erhöhung der Menge an gelösten Salzen in der einzuführenden Flüssigkeit. Daraus ergibt sich: **die Iontophorese = I. P. erfolgt am stärksten in Flüssigkeiten von hoher elektrolytischer Leitfähigkeit, d. h. hoher Konzentration.**

Die Elektroendosmose = E. E. O. arbeitet gerade **entgegengesetzt;** sie ist in der Hauptsache ein Wandern von Flüssigkeitsteilchen zur Kathode hin. **Wasser** hat als **Molekül** positive Ladung, bewegt sich zur Kathode; gleichzeitig wandern aber auch positive Ionen, nämlich Wasserstoffionen, so daß im Kathodenbereich nicht nur eine Wasseranreicherung, sondern auch eine Anreicherung von H-Ionen stattfindet. Das bedeutet eine Änderung der H-Ionenkonzentration, wodurch sich eine Ansäuerung an der Kathode ergibt und eine Alkalisierung an der Anode. Die Wasseranreicherung läßt sich durch einen Versuch beweisen: man kann nassen Torf durch Anlegen von Gleichspannung zur Kathode hin austrocknen.

Für jeden Transport von Flüssigkeitsteilchen ist eine Filterschicht notwendig, **ein Diaphragma,** das ist für den menschlichen Körper die Haut. An ihrer Oberfläche bilden sich Aufladungen, infolge der Berührungsspannung zwischen festen und flüssigen Körpern, wobei sich die Substanz mit der höheren Dielektrizitätskonstante positiv auflädt. Da Wasser von allen biologischen Substanzen die höchste D. E. K. hat, lädt sich das Diaphragma = Haut negativ auf. An der negativen Oberfläche der Haut lagern sich die positiven Ionen der Flüssigkeit an. Bei Anlegen von elektrischem Strom wird diese elektrische Doppelschicht verzerrt und es erfolgt nicht nur eine elektroosmotische Flüssigkeitsverschiebung, sondern **sekundär** auch eine Veränderung der Ionenkonzentration zu beiden Seiten des Diaphragmas.

Die Anreicherung des Elektrolyten erfolgt an derjenigen Seite des Diaphragmas, nach der hin das Wasser verschoben wird, nämlich zur Kathode die Anode stößt das Wasser ab. Die Größe der geförderten Flüssigkeitsmenge ist abhängig von der Größe der angelegten Stromstärke und besonders von der spezifischen Leitfähigkeit des Lösungsmittels. Die pro Sekunde geförderte Flüssigkeitsmenge ist umgekehrt proportional der Leitfähigkeit. **Die Elektroendosmose = E. E. O. ist am wirksamsten bei geringer elektrolytischer Leitfähigkeit der Lösung, also geringer Konzentration.** Nach Rein werden z. B. pro cm^2 in einer Minute durch 1 mA 1,6 mm^3 Wasser oder 2,4 mm^3 10% Traubenzuckerlösung befördert.

Zur Durchführung der Elektrophorese braucht man eine konstante genau und fein regulierbare Gleichstromquelle, und zwar genügt niemals das Gleichspannungslichtnetz, sondern es werden am besten Batterien oder

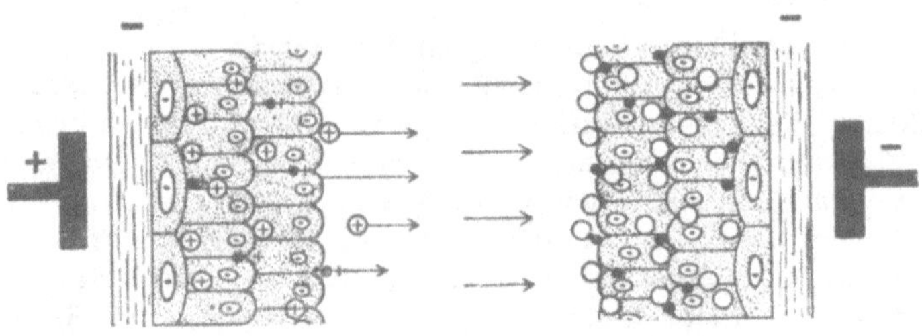

Abb 33 Schematische Darstellung der elektrischen Doppelschicht der Haut bei der Elektroendosmose

Netzgleichrichter verwendet. Man benutzt eine Spannung von 100 bis 150 V und eine Stromstärke nicht über 0,5 mA pro cm² der Elektrode. Gleich nach dem Einschalten erfolgt ein selbständiges Ansteigen der Stromstärke, das nach wenigen Minuten beendet ist. Es muß genau auf 0,5 mA Anfangsstromstärke geachtet werden, damit ein Anstieg über den kritischen Wert der Stromdichte vermieden wird.

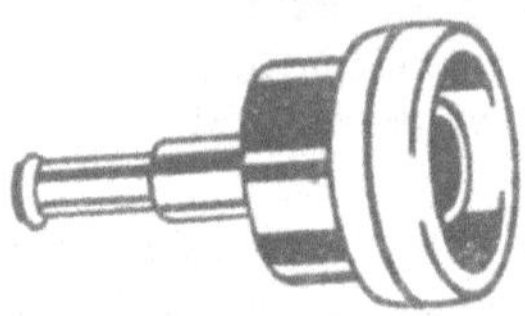

Abb 34 Spezialelektrode zur Iontophorese nach Musehold

Als Elektroden werden Zinkplatten verwendet oder besser Spezialelektroden nach Dr. Musehold, in deren Innern sich ein verschiebbarer Metallbecher zur Aufnahme des mit der Medikamentlösung getränkten Wattebausches befindet. Andernfalls werden zwischen Elektrode und Haut reines Filtrierpapier oder Mullkompressen gelegt, die mit der betreffenden Flüssigkeit bzw. dem Medikament getränkt oder bestrichen sind (z. B. Histamin, Cocain, Adrenalin u. a.). Auch Bienengift wird z. B. bei Blutergüssen und Rheuma gegeben; es wird als Salbe auf die Haut aufgetragen und mit einer dünnen Kompresse bedeckt. Histaminiontophorese hilft bei Aktinomykose und Erysipel. Hauptsächlichste Anwendungsgebiete sind Haut- und Schleimhauterkrankungen, Rheumatismus und Gicht, Neuralgien und Neurasthenien (Erkrankungen des Zentralnervensystems)

Die Behandlungsdauer schwankt zwischen 5 bis 20 Minuten, wird aber jeweils nur durchgeführt nach genauem Behandlungsplan des Arztes.

c) Faradisation

Unter faradischen Strömen versteht man in der physikalischen Medizin alle Wechselströme im Frequenzbereich von 1 bis 5000 Hertz; meist handelt

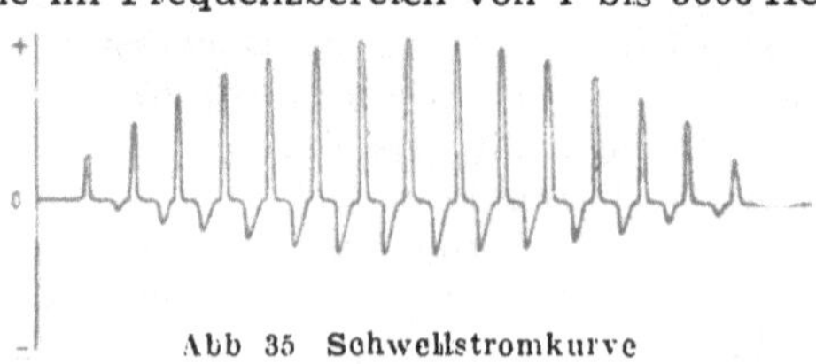

Abb 35 Schwellstromkurve

Abb 36 Gymnostat v Siemens

es sich um faradische Induktionsapparate, die einen Frequenzbereich von 15 bis 250 Hertz haben.

Man unterscheidet Ströme mit gleichmäßigen Frequenzen oder **Sinusströme,** Schwellströme und Induktorströme, letztere mit Kurvenformen, wie sie auch der sekundäre Stromkreis eines Röntgeninduktors zeigt. Ganz besonders häufig werden faradische Ströme in Form von **Schwellströmen** angewendet. Man versteht darunter einen faradischen Strom mit Schließungs- und Öffnungszacken, der in langsamem Rhythmus ganz regelmäßig an- und abschwillt, wodurch er völlig schmerzfrei wirkt, so daß er auch bei Kindern angewendet werden kann.

Drei Apparate sind als Schwellstromerzeuger in Gebrauch:

1. **Der Gymnostat** von Siemens wird mit Elementen betrieben. Rhythmus und Frequenz der Schwellungen sind regulierbar durch den Schwellungswiderstand und den Hammerunterbrecher. Auf jede Schwellperiode folgt eine gleiche Zeit währende Ruhepause.
2. **Der Rheotrop** ist ein Ansatzgerät zum Pantostat und besteht aus einer Wasserflasche mit silbernem Boden und einem Silberstift als Pol. Der Stift wird durch den Motor des Pantostaten auf und ab bewegt, wodurch bei Annäherung der Pole der Strom anschwillt und bei Entfernung von einander wieder abnimmt.
3. **Der Elektropan,** bei ihm wird mittels Kippschwingungen unter Verwendung einer Elektronenröhre mit Gittersteuerung der Schwellstrom auf rein elektrischem Wege erzeugt. Der Apparat gestattet 1 bis 40 Unterbrechungen pro Sekunde Er braucht Wechselstrom zum Antrieb.

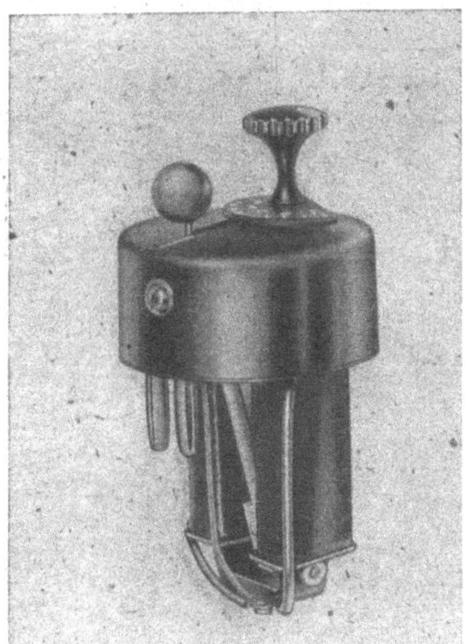

Abb 37 Hammerunterbrecher

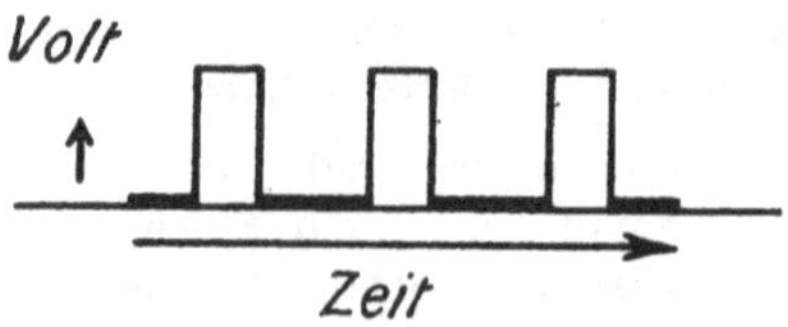

Abb. 38
Rechteckstromkurve, sogen. Léducstrom

Da die Reizwirkung des faradischen Stromes auf den Muskel in der Form des Schwellstromes der natürlichen Muskelfunktion — dem dauernden Wechsel von Spannung und Entspannung — am nächsten kommt, bezeichnet Prof. Adam, Berlin, die Behandlung mit faradischen Schwellströmen als **Elektrogymnastik,** da nur auf diesem Wege der Muskel zur Zusammenziehung zu bringen ist, ohne daß eine wesentliche Bewegung in den Gelenken ausgelöst werden muß. Die Muskelkontraktion ist eine kräftige, gleichgültig, ob der Reiz vom Nerven ausgeht oder direkt auf den Muskel wirkt. Dadurch, daß der Muskel sich abwechselnd kontrahiert und wieder erschlafft, übt er eine Saugwirkung im nervösen Kreislauf aus und bewirkt eine beschleunigte Aufsaugung von Schwellungen, besonders an den Beinen und deswegen ist die Eektrogymnastik sehr geeignet zur Nachbehandlung von Thrombosen. Schwellströme werden überall da größten therapeutischen Erfolg haben, wo Muskelfunktionen gekräftigt werden sollen, vor allem bei Inaktivitätsatrophien nach Knochen- und Gelenkverletzungen; ferner bei Muskelschwächen wie z. B. der Magen- und Darmmuskulatur sowie bei Lähmungen.

Als faradische Ströme gelangen noch sogenannte Rechteck- oder Léducströme zur Anwendung, die durch Unterbrecherapparate erzeugt werden, rechteckige Stromkurven haben und praktisch unterbrochenem Gleichstrom entsprechen (Abb. 38).

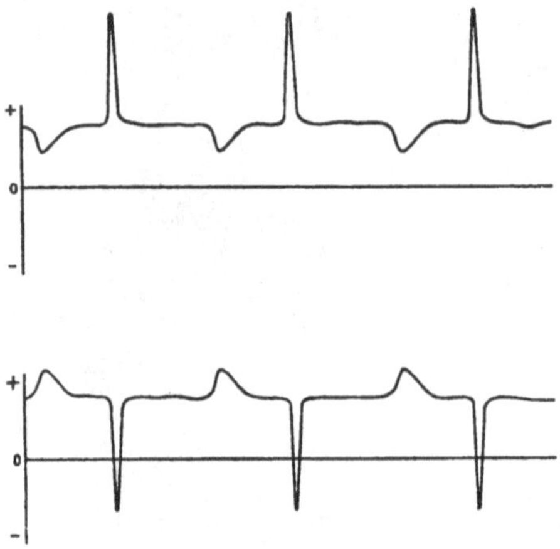

Abb. 39 Zeitlicher Verlauf eines galvano-faradischen Stromes Oben Faradischer Öffnungsstrom in Richtung des galvanischen Stromes
Unten: Faradischer Schließungsstrom in Richtung des galvanischen Stromes

Schließlich kann noch eine Mischung von galvanischem und faradischem Strom therapeutisch angewendet werden, was als **Galvano-Faradisation** bezeichnet wird und z. B. mit dem Pantostaten möglich ist. Sie ist von stärkstem erregendem Reiz, da die erregbarkeitssteigernde Wirkung des galvanischen Stromes mit der Reizwirkung des faradischen Stromes verbunden wird.

Die Faradisation hat kontraktionserregende Wirkung und wird deswegen vorzugsweise zur Behandlung von Lähmungen benutzt, findet aber weiterhin Anwendung bei peripheren und zentralen Nervenerkrankungen, sowie Erkrankungen des Herzens und der Sinnesorgane. Die direkte Reizung eines Muskeln geht von Reizpunkten aus, die für jede Behandlung vom Arzt genau angegeben werden müssen.

Für die Ausführung einer faradischen Behandlung gilt das gleiche wie für die Galvanisation. Als spezielle Elektroden kommen Bürsten-, Pinsel- und Rollenelektroden in Frage. Unbedingte Notwendigkeit ist die Erdschlußfreiheit jeder Apparatur. Nach dem Anlegen der Elektroden wird wieder langsam die Stromstärke einreguliert, so stark, bis deutliche Muskelbewegungen im erkrankten Gebiet auftreten, ohne daß die Schmerzgrenze überschritten wird. Zunehmende Besserung erkennt man an den geringer werdenden Stromstärken, die zur Auslösung der Erregung notwendig sind.

Die Dauer einer Behandlung wird z. B. bei frischen Lähmungen mit 1 bis 2 Minuten begonnen und kann bis zu 10 bis 20 Minuten gesteigert werden. Aber stets nur nach genauen ärztlichen Vorschriften! Bei größeren Muskellähmungen oder Allgemeindurchströmungen erfolgt die Behandlung am besten in Badern, wie im Vierzellenbad oder im Stangerbad. (Vollbad.)

d) Diathermie und Kurzwellen

Der Physiologe D'Arsonval hat schon 1892 begonnen, hochfrequente Ströme therapeutisch anzuwenden. Er hatte gefunden, daß hohe Frequenzen nur sehr geringe Reizwirkungen auf sensible und motorische Nerven haben, und daß diese Reize bei weiterer Steigerung der Frequenzen ganz aufhören. Infolgedessen kann man auf diese Weise dem Körper sehr viel größere Strommengen zuführen. Es entstand daraus die Technik der Diathermie und der Kurzwellentherapie. Das Wort Diathermie bedeutet Durchwärmung mit Hilfe hochfrequenter Ströme.

Der gewöhnliche Wechselstrom hat die Frequenz 50, besteht also aus 50 Schwingungen pro Sekunde und ist ein niederfrequenter Strom. Als Hochfrequenzen bezeichnet man erst mehr als 100 000 Schwingungen pro Sekunde; man benutzt sie in der drahtlosen Telegraphie und Telephonie. Da die normalen niederfrequenten Gebrauchsströme schon bei geringsten Stromstärken heftige neuromuskuläre Reizerscheinungen auslösen, kann man sie nicht zu einer Wärmeerzeugung im Körper benutzen. Um ausreichend große Joulesche Wärme zu erzielen, kann man die notwendige Stromstärke dazu nur in der Form hochfrequenter Ströme zuführen.

Die Frequenz eines Wechselstromes wird bestimmt durch die Erzeugermaschine, den Generator. Da die Rotationsgeschwindigkeit begrenzt ist, läßt sich auch die Frequenz darüber hinaus nicht steigern. Die Dynamomaschine erreicht ihre höchste Grenze schon bei etwa 60 000 Schwingungen pro Sekunde. Hochfrequenzen — mehr als 100 000 Schwingungen pro Sekunde — müssen also auf einem anderen Wege erzeugt werden. Man bedient sich dazu des Prinzips der **Funkenentladung.** Die Entladung einer Leydener

Flasche oder eines Kondensators vollzieht sich in Zeitlupenbetrachtung in Form einer elektrischen Strömung mit außerordentlich raschem Wechsel Erst nach 15 bis 20 Umkehrungen ist die Entladung beendet. Die Intensität der Wechselbewegungen nimmt dabei ab. Es handelt sich also um einen richtigen Wechselstrom mit hoher Frequenz; allerdings dauert ein solcher „Strom“ nur etwa $^1/_{50\,000}$ Sekunde! Deshalb nimmt das menschliche Auge den Funken auch nur als eine einheitliche Lichterscheinung wahr. Man bezeichnet diese Form der Entladung als **oszillatorische Entladung.**

Die Strombahn einer Funkenentladung nennt man die **Funkenstrecke.** Die Luft dämpft die Entladung, sie verzehrt Energie und setzt sie in Wärme um. Ein Teil der Energie aber wird umgewandelt in Bewegungsenergie, d. h in elektromagnetische Schwingungen, die sich in den Raum fortpflanzen (die Hertzschen Wellen der Funken- oder Radiotelegraphie).

Um die hohen Frequenzen eines Funkens verwenden zu können, müssen sie kontinuierlich erzeugt und der zeitlich große Abstand von einer Entladung zur nächsten ($^1/_{50\,000}$ Sekunden Dauer der Entladung) überbrückt werden. Die Möglichkeit dazu gibt der elektrische Schwingkreis. Er besteht aus einem elektrischen Energiespeicher — dem Kondensator, kurz Kapazität genannt — und einem elektromagnetischen Energiespeicher — der Strombahn oder Selbstinduktion (Spule). Dazu gehört eine Funkenstrecke als Erreger.

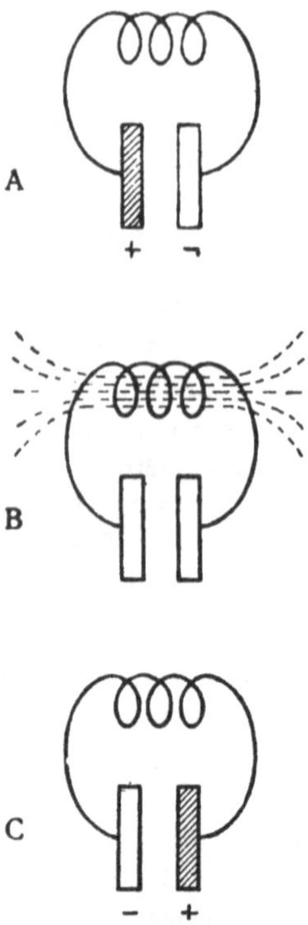

Abb. 40
Funktion eines Schwingkreises

Ist der Kondensator = C aufgeladen, so erfolgt die Entladung der elektrostatischen Energie über die Spule = L, d. h. es fließt ein elektrischer Strom, welcher um die Spule herum ein magnetisches Feld aufbaut. Es erreicht seine größte Stärke, wenn die Spannung am Kondensator = 0 geworden ist (Abb. B). Wird nun das Magnetfeld abgebaut, so erzeugt es durch Selbstinduktion wieder einen Strom, der jetzt den Kondensator erneut mit umgekehrter Polarität aufladen kann (Abb. C), d. h. sowie der Strom wieder 0 geworden ist, hat der Kondensator seine alte Ladung. Sofern keine Energieverluste auftreten, würde dieser Vorgang unbegrenzt weitergehen können.

Energieverluste entstehen aber in jedem elektrischen Leiter, z. B. durch Umsatz elektrischer Energie in Joulesche Wärme. Die Schwingung wird daher ausschwingen wie ein Pendel, wobei der Energieverlust die Dämpfung darstellt. Die resultierende Schwingung ist also eine gedämpfte

Schwingung. Die Zahl der Schwingungen, die Frequenz, wird davon nicht beeinflußt. Sie ist abhängig von der Kapazität des Kondensators und von der Größe der Selbstinduktion. **Das Produkt von C.L ergibt die Schwingungszahl.** Je kleiner das Produkt von C. L ist, um so größer ist die Frequenz; oder umgekehrt. Im Diathermieapparat ergibt C.L eine Eigenfrequenz von 500 000 bis 1 000 000 Schwingungen pro Sekunde.

Durch eine oder mehrere Funkenstrecken wird der Kondensator in unendlich kurzer Zeit immer wieder neu aufgeladen, so daß eine ununterbrochene Schwingung, d. h. ein hochfrequenter Wechselstrom im Schwingkreis fließt. Es werden Wiens'sche Löschfunkenstrecken benutzt. Sie bestehen aus zwei meist runden Plattenelektroden, die sich in geringem Abstand gegenüberstehen, damit eine Vielzahl kleinster Funken überspringen kann, die den Kondensator aufladen. **Die Funkenstrecken** müssen, da durch ihre Dämpfung große Wärme entsteht, gekühlt werden. Es gibt da Wasserkühlungen (an alten Diathermieapparaten) Rippenkühlungen und Luftkühlungen durch Ventilator.

Der im Schwingkreis erzeugte kontinuierliche hochfrequente Strom kann aber erst nutzbar gemacht werden nach Übertragung der Schwingung auf einen Sekundärkreis, was auf induktivem Wege mit Hilfe der Spule geschieht.

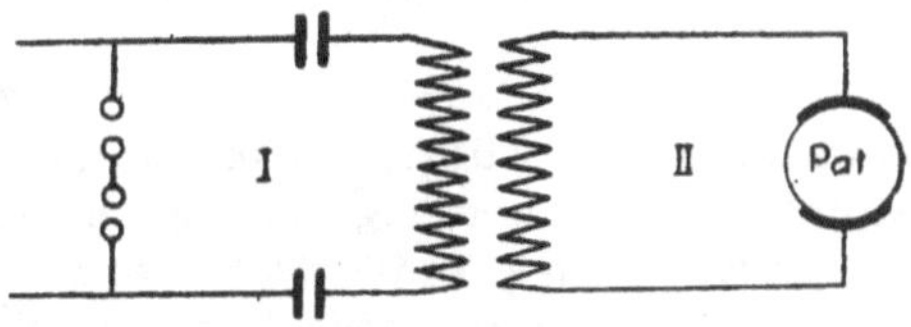

Abb. 41. Schwingkreise eines Diathermieapparates

Ein **Diathermieapparat** besteht daher aus zwei elektrischen Schwingkreisen. Der primäre Schwingkreis oder Erregerkreis besteht

1. aus dem Kondensator, zwischen seinen Polen ist Luft,
2. aus der Strombahn = Spule, je mehr Windungen vorhanden sind, um so größer ist die Selbstinduktion,
3. aus den Funkenstrecken (Löschfunkenstrecken).

Seine Schwingungen werden durch induktive Kopplung auf den **sekundären oder Resonanzkreis** übertragen. Der sekundäre Schwingkreis übernimmt die Schwingungen, er besteht daher nur aus einem Kondensator und einer Selbstinduktion. In diesen Kreis wird der Patient eingeschaltet; er heißt daher auch Patientenkreis.

Die Elektroden sind Blei- oder noch besser Stanniolfolien, die mit gut festsitzenden Klammern mit den Zuführungskabeln verbunden sein müssen. Eine

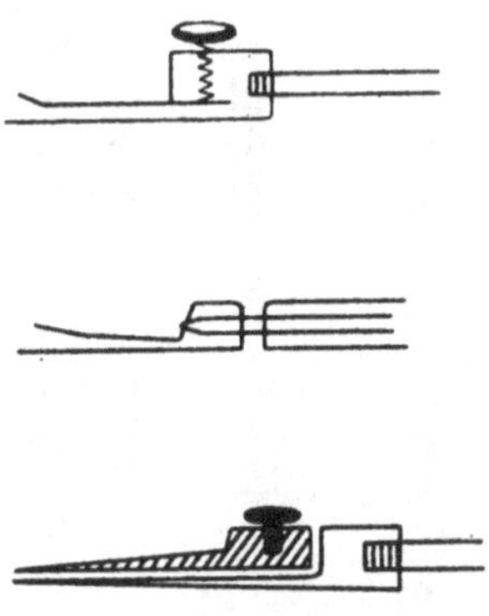

Abb. 42
Verschiedene Elektrodenklemmen für Diathermieelektroden

schlecht befestigte Elektrode, die sich bei einer Bewegung des Patienten löst, kann zu sehr unangenehmen Verbrennungen führen; deswegen muß die Elektrodenklemme stets durch Unterlegen von Mull oder durch eine

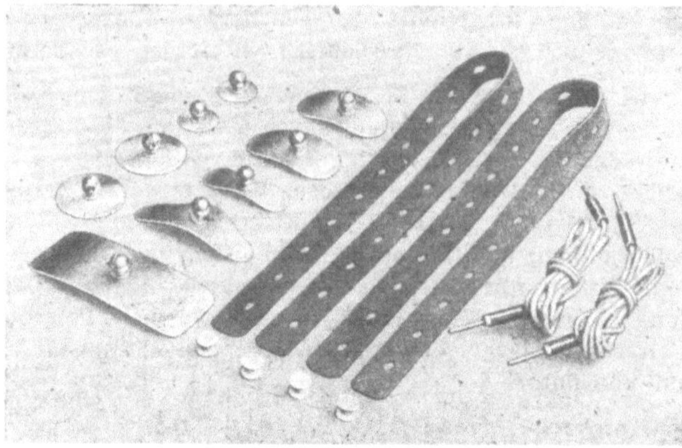

Abb. 43 Diathermie-Elektroden

Bindentour vom Körper isoliert werden. Haut und Elektroden werden vor Beginn der Behandlung mit Seifenspiritus gut abgeriebn und nun die Elektroden ohne Luftzwischenraum fest der Haut angelegt, um Verbrennungen zu vermeiden. Das darf aber niemals an Stellen erfolgen, an denen Knochen unmittelbar unter der Haut liegen, z. B. beim Schulterblatt; dann werden sie durch Binden oder Sandsäcke befestigt.

Der Patient wird direkt in den Stromkreis eingeschaltet. Der Strom fließt durch den Körper auf dem Wege des geringsten Widerstandes. Er wird also schlecht leitende Gewebe wie Fett und Knochen, wo es möglich ist, umgehen (Knochen).. Müssen schlecht leitende Gewebe durchflossen werden — bei Querdurchwärmung die Fettschicht der Haut — so erwärmen sie sich stark, es wird viel Energie in Wärme umgesetzt, und die Wirkung in der Tiefe ist entsprechend geringer. Das trifft zu bei Querdurchwärmung.

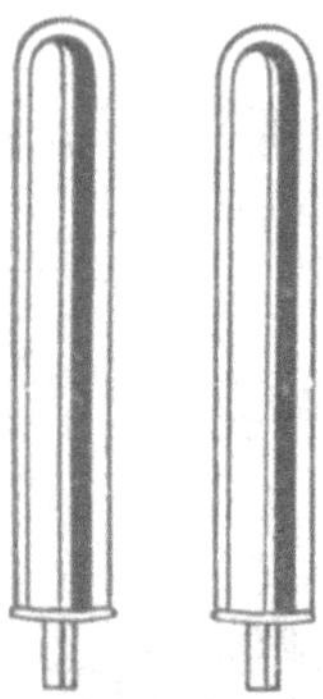

Abb. 44 Handelektroden.

Anders verhalten sich die Gewebe bei Längsdurchwärmung, sie wirken dann nämlich wie nebeneinandergeschaltete Widerstände, so daß der Strom den bequemsten Weg wählt. Daraus ergibt sich, daß bei Längsdurchströmung die Organe mit kleinem Widerstand (Gefäße, Muskeln) sich stärker erwärmen als die schlechtleitenden Gewebe.

Behandlungsdauer 10—20 Minuten. Während dieser Zeit darf der Patient nicht unbeaufsichtigt bleiben, um ein eventuelles Prickeln oder Brennen sofort abstellen zu können, damit Verbrennungen vermieden werden, die sich leider durch schlechte Heiltendenz auszeichnen Der Patient ist unbedingt vor der Behandlung darüber zu informieren, daß er jedes unangenehme Empfinden während der Durchströmung sofort zu melden hat und sich nicht durch Lockern oder Abnehmen der Elektroden selbst zu helfen versucht, dadurch entstehen erst recht und dann meist schwere Verbrennungen. Nach der Behandlung sind die Elektroden abzureiben und wieder völlig glatt auszuwalzen.

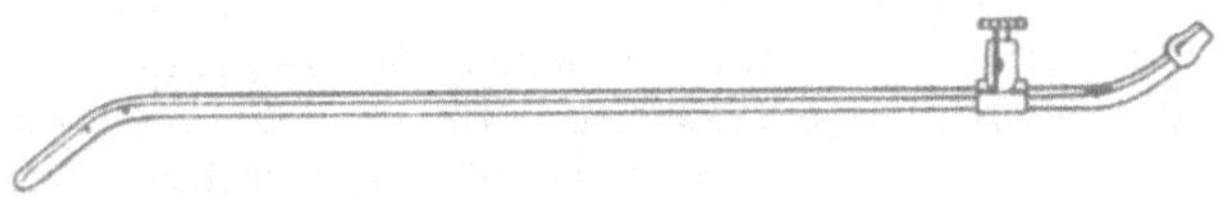

Abb 45 Spezial-Körperelektrode

Seit etwa 20 Jahren ist die Diathermiebehandlung mehr und mehr in den Hintergrund getreten, verdrängt durch die in vieler Hinsicht wirksamere **Kurzwellentherapie.** Doch hat es sich nach neuesten Erfahrungen herausgestellt, daß die Diathermie bei Behandlung von Weichteilnarben den Kurzwellen überlegen ist, wie Prof. Adam in der Deutschen medizinischen Wochenschrift mitteilte, weil bei ihr der Widerstand, den die Haut und die Narben dem elektrischen Strom entgegensetzen, zu einer stärkeren Hyperämisierung der Haut und der Weichteile führt.

Die moderne Kurzwellentherapie unterscheidet sich von der Diathermie durch die Benutzung sehr viel höherer Frequenzen, nämlich zwischen 10 Millionen und 300 Millionen Schwingungen pro sec.

Woher kommt nun dafür die Bezeichnung Kurzwellentherapie? Die hochfrequenten Schwingungen werden in einem Schwingkreis erzeugt, dessen Schwingungszahl sich durch Verkleinerung des Produktes von C . L erheblich über die Diathermiefrequenzen hinaus steigern läßt. Mit der höheren Frequenz ändern sich auch die Eigenschaften. Während der Patient bei der Diathermie unmittelbar in den sekundären Schwingkreis eingeschaltet wird, ist dieses bei den höheren Frequenzen nicht mehr notwendig, weil die Elektroden Kondensatoren darstellen, zwischen denen sich ein elektrisches Feld oder ein Kondensatorfeld ausbildet. Im hochfrequenten Kondensatorfeld fließt ein Verschiebungsstrom, der sogar wesentlich größer werden kann als der Leitungsstrom. Solche Ströme vermögen Isolatoren — dielektrische Schichten — zu durchdringen, weswegen man auch die Metallelektroden nicht mehr direkt an den Körper heranzubringen braucht. Öffnet man ein Kondensatorfeld, so setzt sich die hochfrequente Schwingung um in elektromagnetische Strahlung, die sich durch die Luft mit Lichtgeschwindigkeit fortpflanzt als „Hertzsche Wellen", die gleichen, die die drahtlose Telegraphie und Telephonie und der Rundfunk benutzen. Daher die Störung des Rundfunkempfangs durch Diathermie- und Kurzwellenapparate! Sie müssen abgeschirmt werden.

Jede Schwingung, ob schnell oder langsam, legt in 1 sec. einen Weg von 300 000 km zurück, also bei hohen Frequenzen pro sec. soviel Schwingungen als der Frequenzzahl entsprechen, daraus ergibt sich, daß die **Wellenlänge** aus der **Lichtgeschwindigkeit dividiert durch die Frequenz** errechnet werden kann, z. B. Frequenz 10 000 000 ergibt $\frac{300\,000\,000}{10\,000\,000}$ die Wellenlänge 30 Meter.

Aus diesen Zusammenhängen erklärt sich die Störung des Rundfunks durch Kurzwellenapparate. Die Bezeichnung Kurzwellentherapie bedeutet nicht die Anwendung der von der Antenne ausgestrahlten elektromagnetischen Wellen, sondern die Benutzung eines hochfrequenten Stromes, der einer bestimmten Wellenlänge entspricht. Ein Patient wird infolgedessen auch nicht bestrahlt, sondern vom kurzwelligen Kondensatorfeld durchströmt. Der Begriff Kurzwellentherapie ist nur ein abgekürzter Sprachgebrauch, weil es einfacher ist von einer 3 m-Welle zu sprechen als von einem Hochfrequenzstrom von 100 Millionen Hertz.

Bau eines Kurzwellenapparates

Es gibt zwei Bauarten: den **Funkenstreckenapparat** und den **Röhrenapparat**. Ersterer ist im Prinzip dem Diathermieapparat ähnlich und erzeugt kurzwellige gedämpfte Schwingungen, während der Röhrenapparat ungedämpfte Schwingungen liefert.

Der **Funkenstreckenapparat** bringt den Netzstrom über einen Transformator auf eine Spannung von etwa 4000 V, mit der die Kondensatoren geladen werden. Die Kondensatoren sind meist geschichtete Plattenkondensatoren, isoliert mit Glimmer (Dielektrikum). Die Entladung erfolgt über eine Reihe hintereinandergeschalteter Funkenstrecken, deren Zahl 12 bis 20 beträgt, womit sich eine Funkenzahl von über 100 000 pro Sekunde erreichen läßt. Durch eine Kombination von Rippenkühlung und Ventilator wird die beim Funkenüberschlag entstehende Wärme abgeleitet. Die Schwingungen des Erregerkreises werden z. B. durch Induktion auf den zweiten Schwingkreis, den Therapiekreis übertragen.

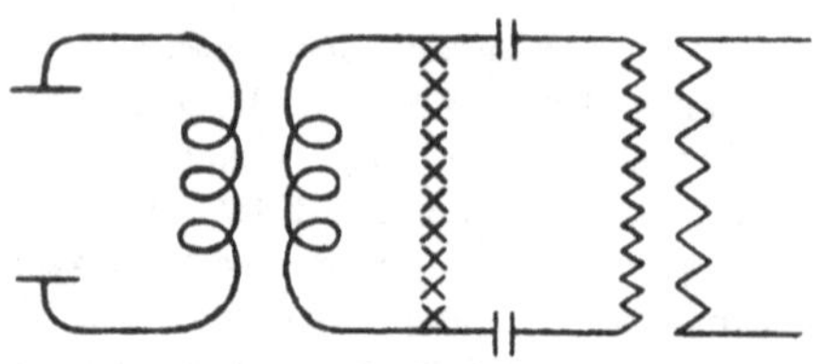

Abb. 46
Schaltschema eines Kurzwellen-Funkenstrecken-Apparates

Auf einer Modifikation beruht der **Oxydkathodenerreger** der Kurzwellengeräte des Fernwerks, Berlin. Hier wird die Schwingung erregt, in dem sich bei Stromdurchgang durch eine Oxydschicht chemische Veränderungen vollziehen, die der Aufgabe der Funkenstrecke als Unterbrecher entsprechen. Der Vorteil liegt darin, daß die Elektrodenabstände nicht nachreguliert zu werden brauchen, da sich die Oxydschicht selbst regeneriert, und daß der hochfrequente Strom nur eine geringe Dämpfung hat.

Der **Röhrenapparat** besteht aus einem erregenden Primärkreis mit einer Elektronenröhre, auch Sendekreis genannt, weil die Röhre die gleiche ist.

Abb 47 Oxydkathodenerreger

die in drahtlosen Sendestationen gebräuchlich ist, sowie aus einem empfangenden Sekundärsystem oder dem Therapiekreis.

Die **Elektronenröhre** ist eine gewöhnliche Glühkathodenröhre mit einer Anode und einer Glühkathode, die aus reinem Wolfram ohne verdampfbare Zusätze besteht, und deren Haltbarkeit zwischen 1000 bis 3000 Betriebs-

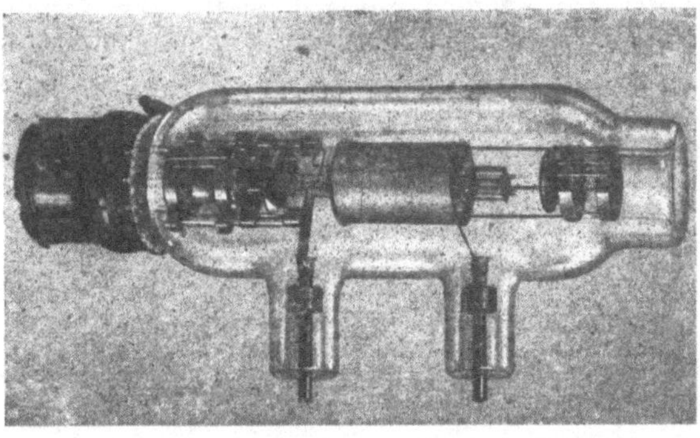

Abb 48 Elektronenröhre (Siemens) für einen KW-Apparat

stunden liegt. Die Röhre wird mit einer Spannung von 4000 V betrieben. Zwischen Anode und Kathode befindet sich ein Gitter in Form einer feinen Drahtspirale. Wird nun die Kathode zum Glühen gebracht, so gehen bei angelegter Spannung die negativen Elektronen mit etwa 1/100 Lichtgeschwindigkeit zur Anode Solange das Gitter keine Ladung hat, wird der Elek-

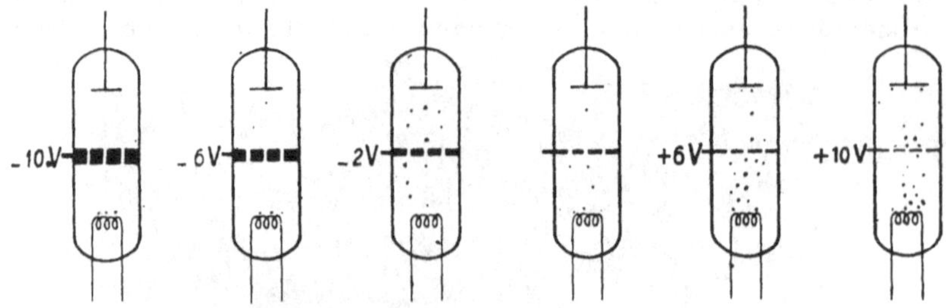

Abb 49 Prinzip der Steuerung des Elektronenstroms durch ein Gitter in der Röhre

tronenstrom von der Kathode zur Anode nicht beeinflußt. Wird aber das Gitter negativ aufgeladen, so wird dadurch der Durchtritt der Elektronen gehemmt (gleichnamige Pole) im Verhältnis der angelegten Spannung und der Elektronenstrom geschwächt. Andererseits kann durch positive Gitterspannung der Elektronenstrom verstärkt werden. Führt man dem Gitter hochfrequenten Strom zu, so läßt sich der Elektronenstrom so steuern, daß hochfrequente Ströme die Röhre passieren. Sie werden auf den Schwingkreis übertragen, so daß dieser kontinuierlich schwingt. Die Gittersteuerung erfolgt zu diesem Zweck durch Eigenerregung oder Eigensteuerung. Das Gitter bildet nämlich einen Bestandteil des Schwingkreises und schwingt somit selbst. Es bildet mit der Anode zusammen einen Kondensator — zwischen beiden besteht eine Potentialdifferenz getrennt durch das Vakuum — der wieder mit dem Blockkondensator B (zur Blockierung der Anodenspannung = Gleichstrom von 4000 V zum Gitter hin) die Kapazität des Schwingkreises darstellt. Die Kopplungsspule zum Patienten-Kreis und die Verbindungsleitungen bilden die Selbstinduktion. Das Produkt aus Kapazität und Selbstinduktion C. L. ergibt bekanntlich die Wellenlänge bzw. die proportionale Schwingungsdauer. Sie wird um so kleiner, je geringer dieses Produkt ist. (Der Schwingkreis mit seiner

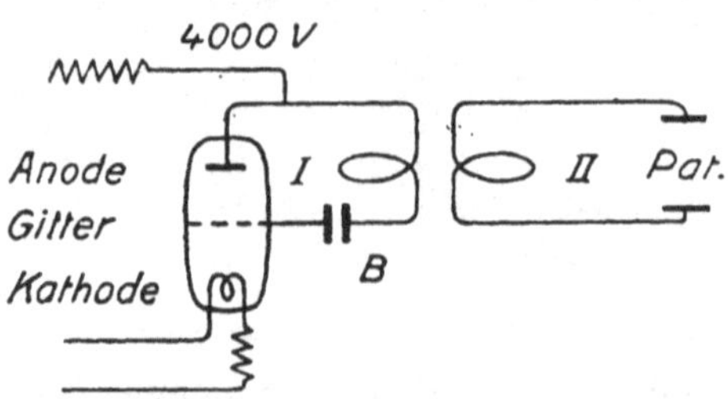

Abb. 50 Schaltschema eines Röhrenapparates

frequenzbestimmenden Kapazität ist vergleichbar mit einer Stimmgabel, bei der Masse und Elastizität die Tonfrequenz bestimmen.)

Der Patient wird zur Durchströmung in das kurzwellige Kondensatorfeld gebracht, das zwischen den Elektroden des Sekundärkreises, den Kondensatorplatten, erzeugt wird. Zur Therapie wird nicht die Strahlung, sondern die kapazitiv übertragenen kurzwelligen hochfrequenten Ströme benutzt. Durch die Entfernung der Elektroden von der Haut wird jede direkte Stromübertragung verhindert, nur das „Feld" oder die elektrischen Fernwirkungen gehen durch das Medium hindurch. Die Feldkräfte greifen im Patienten Ionen und Elektronen an und bringen sie in synchron-schwingende Bewegung und erzeugen frequenzgleichen Verschiebungsstrom, der infolge seiner hohen Frequenz keine elektrolytischen oder faradischen Reize auslöst. Die Energie wird in Joulesche Wärme umgesetzt. Darüber hinaus sind Reizwirkungen vorhanden, die ihre Ursache wahrscheinlich in den Verzerrungen der Atom- und Molekülkomplexe innerhalb ihres Verbandes haben (Schliephake) und die als das Wesentliche der Kurzwellentherapie angesehen werden, die sogenannte **spezifische Reizwirkung.**

Abb. 51 Röhrenapparat v Siemens „Ultratherm"

Der im sekundären Schwingkreis fließende Strom wird als **Leitungsstrom** bezeichnet, der sich im nicht leitfähigen Medium, z. B. Luft zwischen den Elektroden fortsetzt durch elektrische Kräfte, die als Fernwirkung von den auf den Platten angehäuften Elektronen ausgehen und das Medium **kapazitiv** durchdringen und in diesem einen **Verschiebungsstrom** oder **kapazitiven Strom** hervorrufen. Es sind also keine elektronenführenden Kräfte, die das elektronenundurchlässige Medium oder Dielektrikum durchdringen. Die Durchlässigkeit des Kondensators für diesen kapazitiven Strom nennt man seine **kapazitive Leitfähigkeit** und den zugehörigen Widerstand den **kapazitiven Widerstand.**

Zwischen den Elektroden des Therapiekreises breitet sich das Elektrische Feld oder das Kondensatorfeld aus. Die Ausbreitung der Feldlinien ist nicht geradlinig, sondern weist gewisse **Streuungen** auf, die abhängig sind vom Elektrodenabstand. Starke Streuungen bei großem, und geringere Streuung bei kleinem Abstand der Elektroden. Bei großem Abstand ist die Feldliniendichte an den Elektroden größer als in der Mitte des Feldes, außerdem ist eine sogenannte Randstreuung vorhanden. Der Feld-

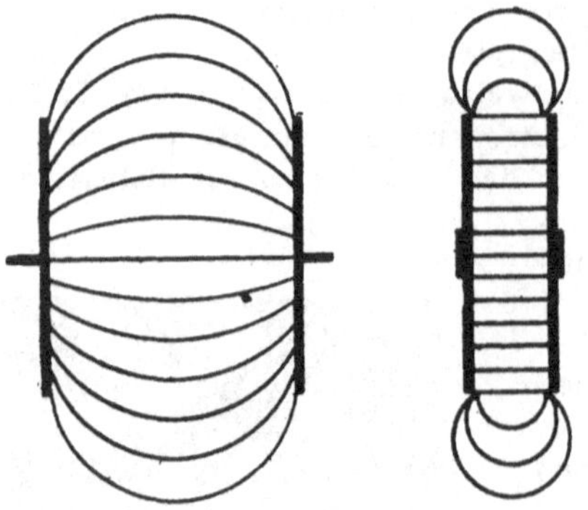

Abb. 52
Feldlinienverlauf und Streuung im KW-Feld bei geringem und bei großem Elektrodenabstand

linienverlauf ist für die Therapie von großer Bedeutung in bezug auf die Tiefenwirkung. Die Dichte der Feldlinien ergibt ein Maß für die örtliche **Feldstärke,** von ihr hängt die örtliche Erwärmung im Patienten ab. Ist der Verlauf der Feldlinien parallel, so wird die Erwärmung überall gleichmäßig sein; das Feld ist homogen. Das ist nur bei geringem Elektrodenabstand der Fall. Bei großem Elektrodenabstand wird das Feld inhomogen, deshalb ergeben Ungleichheiten der Feldstärke örtlich größere Wärmeunterschiede. **Die Wärmeentwicklung ist dem Quadrat der Feldstärke proportional.**

Praktische Homogenität der Erwärmung im Körper des Patienten wird nur erreicht bei ultrakurzen Wellen, für die die Körperwiderstände — das Dielektrikum — fast homogen sind. Vollkommene Homogenität wird erreicht bei noch kürzeren Wellen, vorausgesetzt, daß die Elektrodenfläche kleiner ist als die Fläche des durchströmten Körpers. Die Erwärmung ist abhängig

1. von der Streuung,
2. vom Dielektrikum,
3. vom Einfluß der Wellenlänge.

1. **Die Streuung** ist deshalb von so großer Bedeutung, weil bei großer Streuung die Erwärmung in der Nähe der Elektroden größer ist als in der Tiefe = geringe Tiefenwirkung. Man beachte deshalb die Grundregeln:

   a) die Elektroden stets so groß wie möglich wählen (aber nie größer als das Objekt!)

   b) die Elektroden nie dicht an die Haut legen, damit die elektrodennahen Zonen größter Felddichte außerhalb des Patienten liegen zur Verhütung von Oberflächenerhitzung, des sogenannten **Schliephakeeffektes.**

2. **Als Dielektrikum** bezeichnet man allgemein das im Kondensatorfeld befindliche Medium, wie Luft, Wasser usw. Die einzelnen Dielektrika verhalten sich im Feld verschieden. Man unterscheidet daher

   a) das verlustfreie Dielektrikum, es enthält keine freien Elektronen und erwärmt sich nicht. Verlustfrei ist das Vakuum; nahezu verlustfrei sind Gase, Luft, auch künstliche Dielektrika wie Glas, Quarz, Glimmer, die infolgedessen als Isolationsmaterial verwendet werden;

b) **das Verlustdielektrikum oder das schlechte Dielektrikum,** das sich stärker oder schwächer erwärmt; d. h. das Feld erleidet Verlust an Energie, die sich in Wärme umwandelt. Darauf beruht die Therapie.

Verlustdielektrika sind alle festen und flüssigen Substanzen des menschlichen Körpers. Kleiderstoffe erwärmen sich t r o c k e n wenig, dagegen ergeben feuchte Stoffe (Schweißbildung!) starke Verluste, also s t a r k e E r w ä r m u n g ! Bei beabsichtigten großen Tiefenwirkungen ist stets ohne Kleidung zu behandeln!

3. **Der Einfluß der Wellenlänge.** Mit der Wellenlänge verändert sich nicht nur das Verhältnis der einzelnen Dielektrika zueinander, sondern auch die Temperaturerhöhung. Es gibt für jedes Dielektrikum eine bestimmte Wellenlänge für seine optimale Erwärmung, und zwar ist diese dann gegeben, wenn Wellenlänge, Leitfähigkeit und Dielektrizitätskonstante in einem bestimmten Verhältnis zueinander stehen. Man bezeichnet diese Tatsache als die **selektive oder frequenzabhängige Erwärmung.** Bei Körpergeweben ist sie aber nachweisbar nicht groß und spielt keine Rolle.

Selektive Erwärmung kleinster Teilchen oder Punktwärme

Es können sich inmitten eines Dielektrikums einzelne Teile gegenüber der Umgebung bevorzugt erwärmen. So erwärmen sich im Blut die Erythrozyten stärker als das Serum, ebenso bestimmte Zellarten. Wahrscheinlich sind manche spezifische Kurzwellenwirkungen wie z. B. die Beeinflussung von Bakterien in vivo auf Punktwärme zurückzuführen.

Einfluß der Wellenlänge in homogenem und geschichtetem Medium.

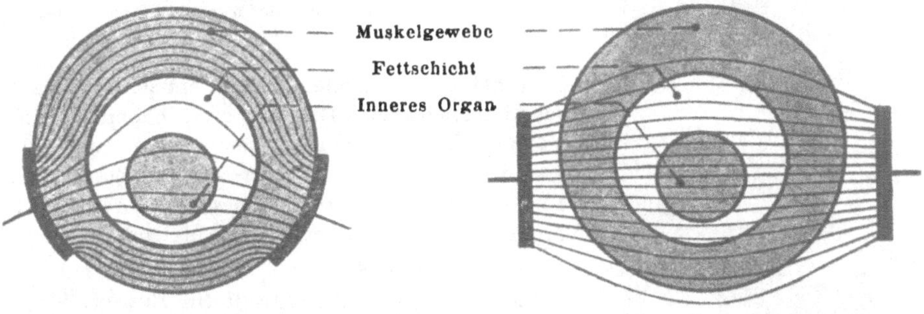

Diathermie. Der Strom folgt vornehmlich den Bahnen bester Leitfähigkeit und umgeht mehr oder weniger die schlecht leitenden Schichten.

Kurzwellentherapie. Das Feld flutet sehr gleichmäßig zwischen den beiden Elektroden, die mit dem Körper meistens nicht leitend verbunden sind.

Abb 53 Schema der Energieverteilung im Diathermie- und im KW-Feld

Die Diathermieströme haben Wellenlängen von 300 bis 450 m, die keine nennenswerte Tiefenwirkung ergeben, weil lange Wellen schlecht leitende

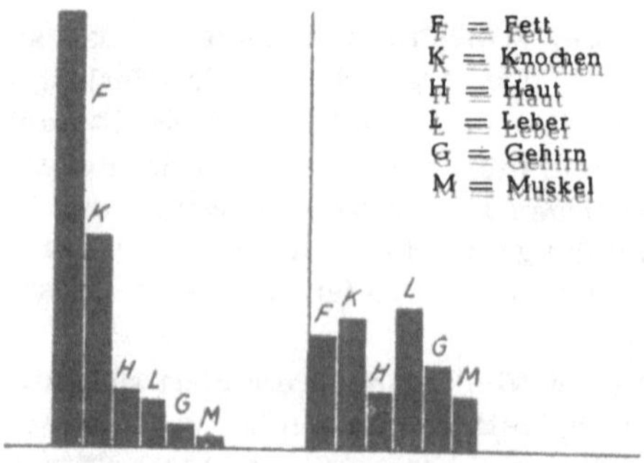

Abb. 54 Erwärmungsgrade des Gewebes bei Diathermie und Kurzwellenbehandlung

Massen wie Fett und Knochen nicht durchdringen. Ungefähr von der 30 m-Welle an, der längsten Kurzwelle, steigt die Temperatur in der Tiefe an und wird bei abnehmender Wellenlänge ständig größer. **Die kapazitive Durchdringungsfähigkeit einer Welle wird mit abnehmender Wellenlänge größer.** Das bedeutet, daß alle schlecht leitenden Massen wie von Fett, Faszien und Knochen umgebene Organe am stärksten mit kürzesten Wellenlängen durchströmt werden, und infolgedessen für die stets im menschlichen Körper vorhandene Schichtung gut und schlecht leitender Massen die idealsten sind.

Die Elektroden.

Es gibt biegsame **Gummielektroden** in verschiedenen Größen, die für das jeweilige Behandlungsfeld passend auszuwählen sind, und starre

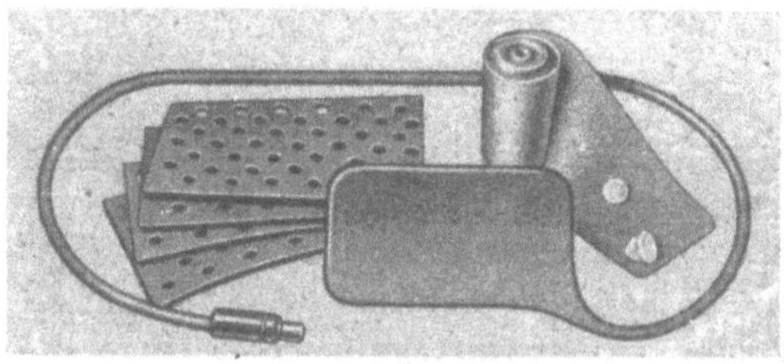
Abb. 55
Gummielektroden für die Kurzwellenbehandlung

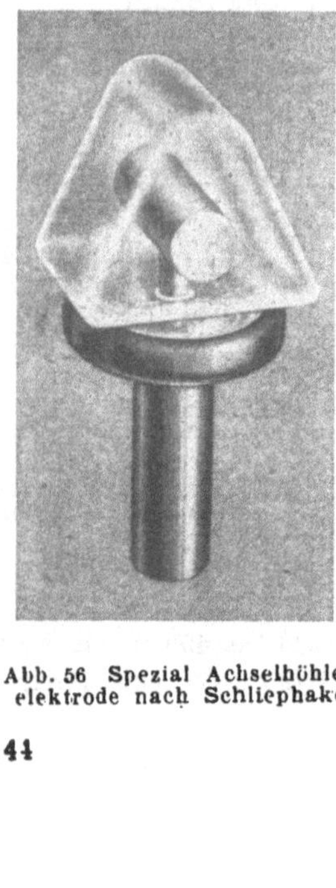
Abb. 56 Spezial Achselhöhlenelektrode nach Schliephake

Luftabstandselektroden = Schliephakesche Glasschalenelektroden. Die letzteren haben 1. den Vorteil, daß ihre Form speziellen Zwecken angepaßt sein kann, z. B. dreieckige Elektroden für Achselhöhlendurchströmungen, und 2. daß innerhalb der Glasschale der Elektrodenabstand je nach Wunsch eingestellt werden kann.

Eine Spezialbandelektrode für Extremitätenbehandlungen ist die **Spulenfeldelektrode** nach Kowarschik. Sie besteht aus Metallbändern, eingebettet in eine 1 bis 2 cm dicke Gummischicht wie bei den biegsamen Gummielektroden. Sie wird bindenartig wie eine Spule um den Arm oder um das Bein gewickelt, onhe daß sich die einzelnen Windungen berühren dürfen.

Verwendet werden dazu Ultrakurzwellen von einer Wellenlänge von 6 m abwärts. Das elektrische Feld breitet sich dabei aus zwischen den Windungen im Innern der Spule. Die Tiefenwirkung eines Spulenfeldes ist noch besser als die des Kondensatorfeldes, da hier keine Streuung des Feldes auftritt. Die Feldlinien werden gerade entgegengesetzt in die Spule hineingezogen und verdichten sich in der Mitte, so daß sich stärkste Erwärmung in der Tiefe ergibt. Durch gleichmäßiges oder ungleichmäßiges Aneinanderwickeln der Windungen läßt sich gleichmäßige oder örtlich bevorzugte Wärme erzielen.

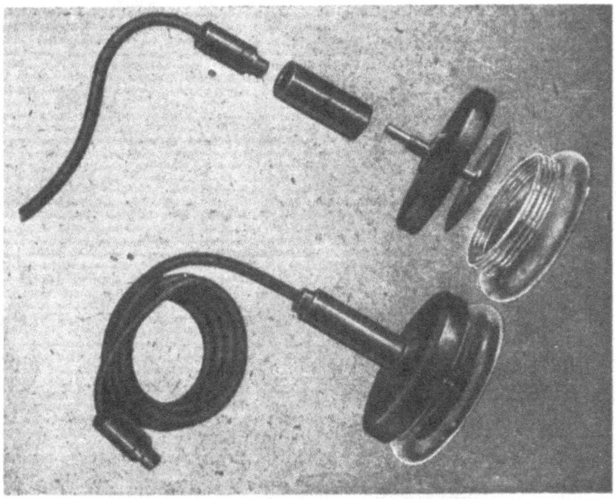

Abb. 57 Glasschalenelektroden nach Schliephake

Außerdem entsteht aber wie in jeder Spule, die von einem Strom durchflossen wird, ein magnetisches Feld. Durchflutet dieses magnetische Feld einen Körper, so werden in ihm Wirbelströme induziert, die sich in Wärme umsetzen, und zwar um so stärker, je größer die Leitfähigkeit des Körpers ist.

Die Erwärmung des menschlichen Körpers im Magnetfeld und im Kondensatorfeld ist also gerade entgegengesetzt. Während im Kondensatorfeld sich die schlecht leitenden Massen, z. B. Fett, am stärksten erwärmen, werden im Magnetfeld die Substanzen mit dem größten Leitvermögen wie Blut und bluthaltige Gewebe sich am stärksten erwärmen.

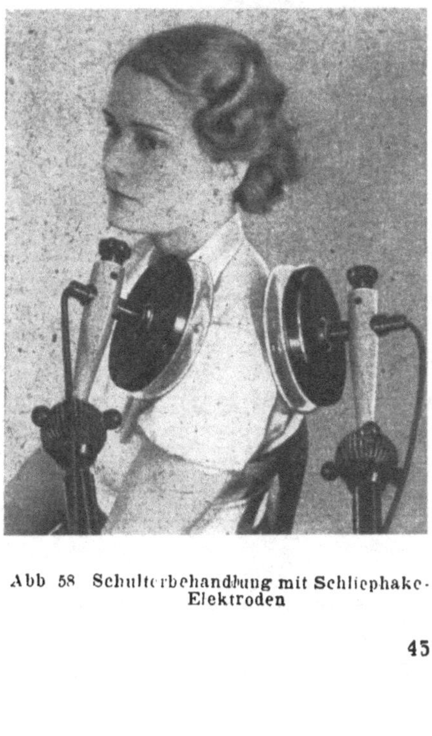

Abb 58 Schulterbehandlung mit Schliephake-Elektroden

Zur Behandlung im magnetischen Spulenfeld werden am besten Apparate mit 25 m Welle benutzt. Als Elektrode dient ein

Abb. 59
Unterschenkelbehandlung mit einer Spulenfeldelektrode

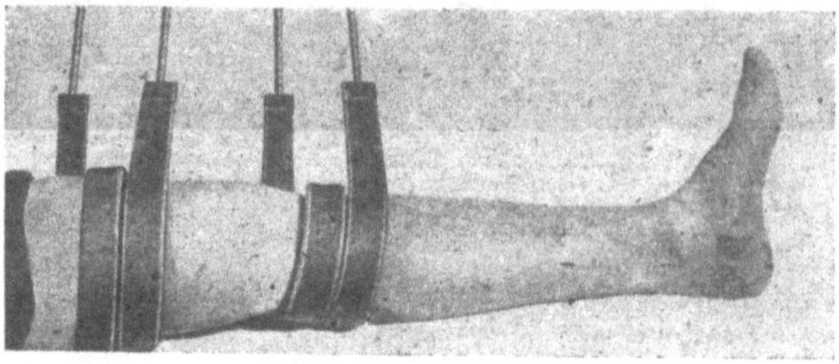

Abb. 60 Ringfeldbehandlung

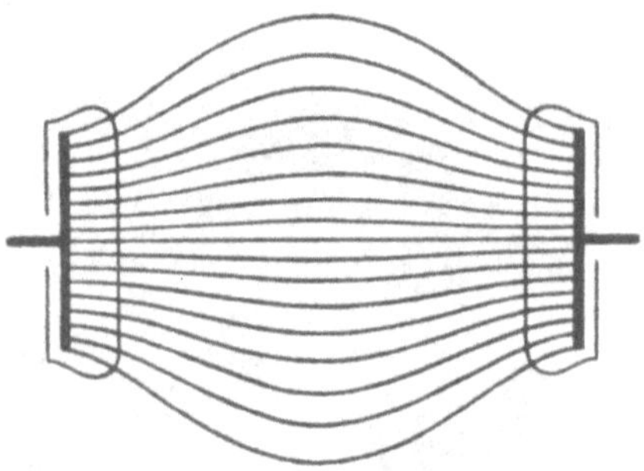

dickes isoliertes Kabel, das in mehreren Windungen um den betreffenden Körperteil gelegt wird, oder die Schlingen werden in Taschen verschiedener Größe und Form untergebracht (Siemens) und dem Körper aufgelegt.

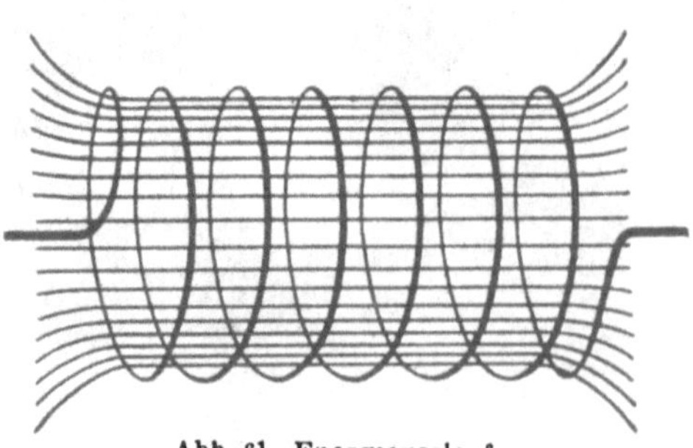

Abb. 61 Energieverlauf
im Kondensatorfeld und im Spulenfeld

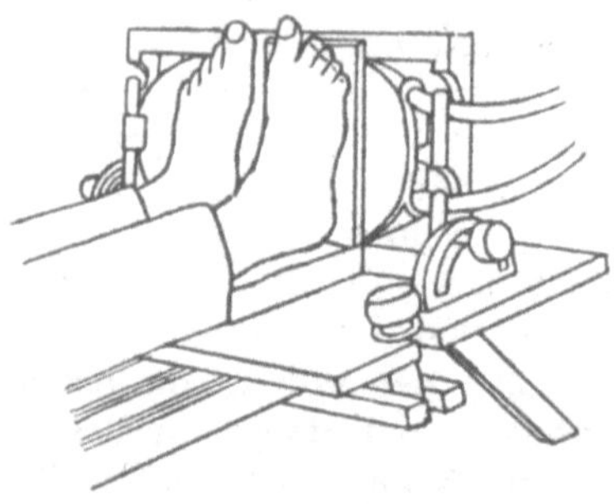

Abb. 62 Behandlung der Füße
im magnetischen Spulenfeld

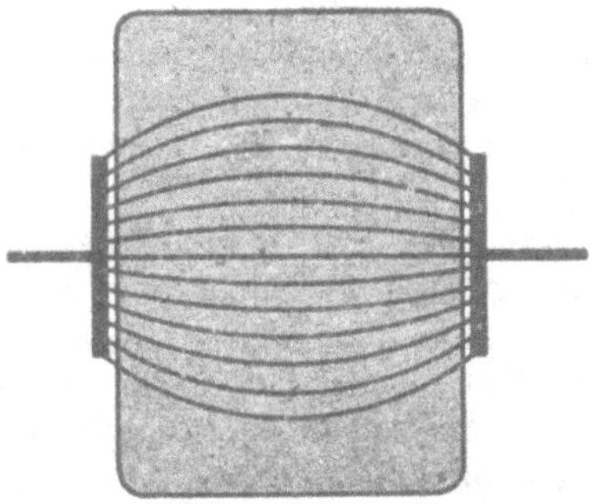

a) größte Erwärmung in der Nähe der Elektroden

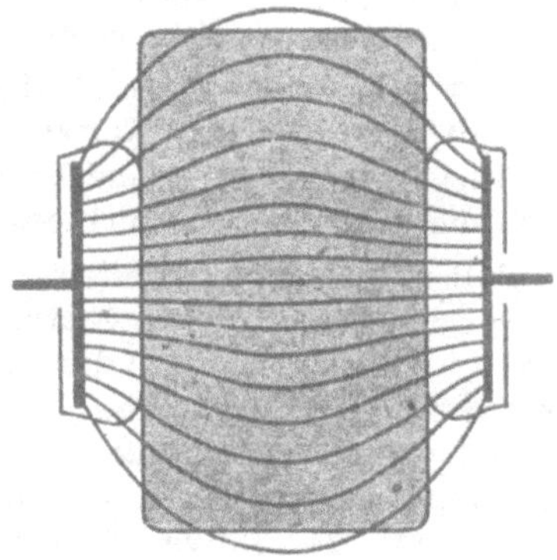

b) gleichmäßige Erwärmung des ganzen Gebietes

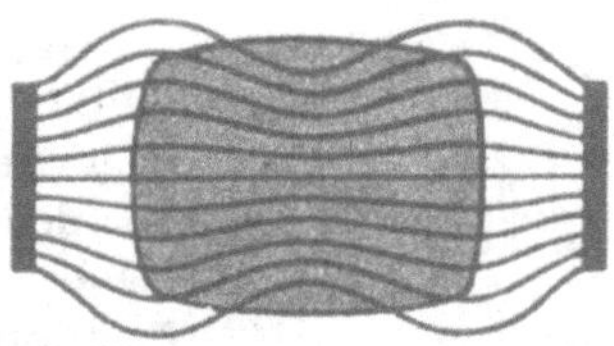

c) größte Erwärmung in der Tiefe

Abb. 63 Darstellung des Feldlinienverlaufs bei verschiedenen Elektrodenabständen

Die **Auswahl der Elektroden** hängt von dem zu behandelnden Körperteil ab. Weiche Gummielektroden wird man bei Körperstammbehandlungen benutzen, während überall da wo eine größere Distanzierung infolge Unebenheiten des Körpers notwendig ist, sich starre Schliephakeelektroden besser eignen. Häufig wird man auch beide kombinieren. Für Behandlungen am Kopf, sowie Furunkel-, Phlegmonen-, Wundbehandlungen können nur starre Elektroden verwendet werden. Spulenfeldelektroden sind vorzüglich geeignet nicht nur zur Extremitätenbehandlung, sondern auch zur Fiebertherapie.

Die Elektroden sollen nicht zu klein gewählt werden und nicht zu dicht der Haut anliegen, sonst ist die Tiefenwirkung zu gering und die Hautbelastung zu groß. Bessere Tiefenwirkung und entsprechende Hautbelastung erreicht man durch Distanzierung der Elektroden etwa um 4 cm (z. B. durch Unterlegen von Filzplatten). Die beste Tiefenwirkung ergeben sehr große Elektroden; geringste Hautbelastung wird erreicht durch einen großen Elektroden-Hautabstand bis zu 10 cm, weil dann wie Abbildung zeigt, die Feldliniendichte in der Tiefe am größten ist. Der Grund dafür liegt in der Tatsache, daß Wasser auf die Feldlinien anziehende Kraft ausübt wie Eisen auf magnetische Feldlinien; da der menschliche Körper in der Hauptsache aus Wasser besteht, zieht er die Feldlinien in sich hinein.

Von besonderer Wichtigkeit ist der große Elektroden-Hautabstand bei allen Unebenheiten der Körperoberfläche, um durch Spitzenwirkungen ein Überhitzen der elektrodennahen Hautstellen zu vermeiden, da an der Elektrode die Feldlinien am dichtesten sind.

Soll eine Körperpartie bevorzugt erwärmt werden, so benutzt man entweder verschieden große Elektroden in der Weise, daß man eine kleine „aktive" Elektrode an der beabsichtigten Behandlungsstelle anlegt und ihr gegenüber eine große oder „inaktive" Elektrode. Durch die größere Feldliniendichte an der kleinen Elektrode ist hier die Erwärmung stärker. Eine weitere Möglichkeit besteht darin, daß man gleich große Elektroden benutzt und die aktive Elektrode hautnah (Mindestabstand 1 cm) anlegt und die inaktive Elektrode mit großem Abstand, wodurch gleichfalls durch die größere Felddichte der hautnahen Elektrode hier größere Wärme erzielt wird.

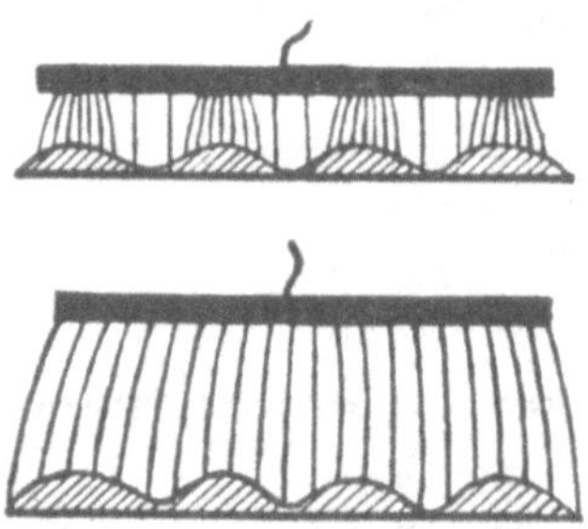

Abb. 64
Spitzenwirkung und ihre Vermeidung durch großen Elektrodenabstand

Bei Längsdurchströmungen ist zu beachten, z. B. bei Arm- oder Beinbehandlungen, daß sich an den Engpässen, nämlich an Hand- oder Fußgelenken, die Feldlinien verdichten und daher dort die größte Wärme auftritt. Das kann vermieden werden durch große Elektroden und großen Elektroden-Hautabstand wie Abbildung zeigt.

Ein Schrägabstand der Elektrodenflächen zueinander ist zu vermeiden, weil infolge des unterschiedlichen Abstandes die Felddichte ungleichmäßig ist und die Erwärmung im Gebiet der größeren Annäherung zunimmt.

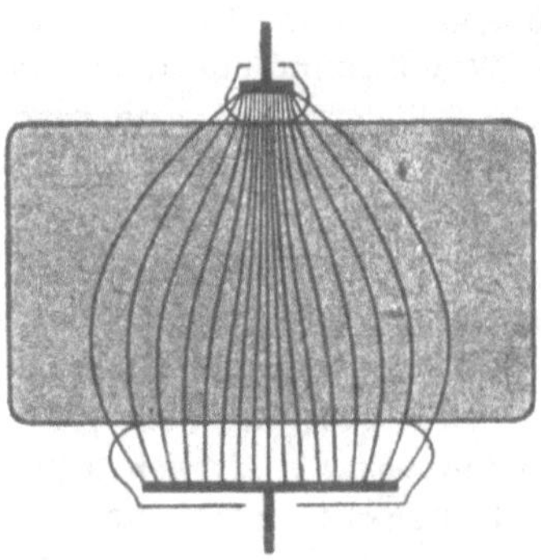

Abb 65
Feldlinienverlauf bei Verwendung verschieden großer Elektroden

Unipolarbehandlung, die Anwendung nur einer Elektrode, ist nur dort angebracht, wo eine größere Tiefenwirkung nicht erforderlich oder unerwünscht ist, wie am Kopf zur Vermeidung der Hirnbeeinflussung. Elektroden-Hautabstand beträgt in diesem Falle nur 1 bis 3 cm.

Aus alledem ergibt sich für die Auswahl der Elektroden zur bestmöglichen Behandlungswirkung

1. Benutzung möglichst großer Elektroden, denn je größer die Elektroden sind, um so homogener ist die Durchwärmung.

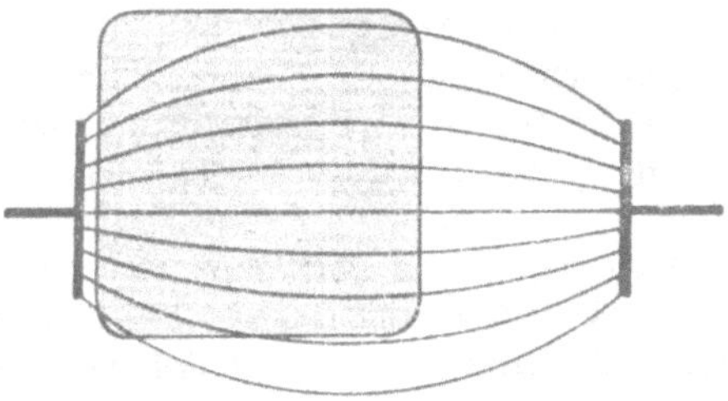

Abb. 66
Feldlinienverlauf bei verschiedener Distanzierung gleich großer Elektroden

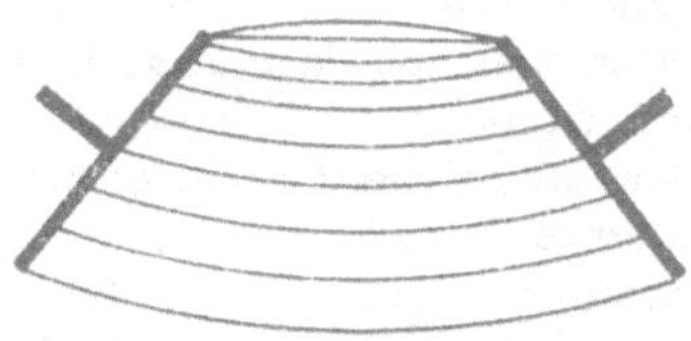

Abb. 68
Feldliniendichte bei Schrägabstand der Elektroden

2. Bei Verwendung von Elektroden, die größer sind als das Objekt, wird durch Konvergenz der Feldlinien die Erwärmung in der Tiefe stärker als an der Haut (Vorsicht dabei, daß überstehende biegsame Elektrodenenden sich nicht einander nähern!). Besondere Vorsicht ist geboten zur Vermeidung einer Überwärmung, d. h. einer Tiefenschädigung, die sich in einer Schmerzempfindung äußert. Es muß dann **sofort** zurückreguliert oder besser ganz ausgeschaltet werden.

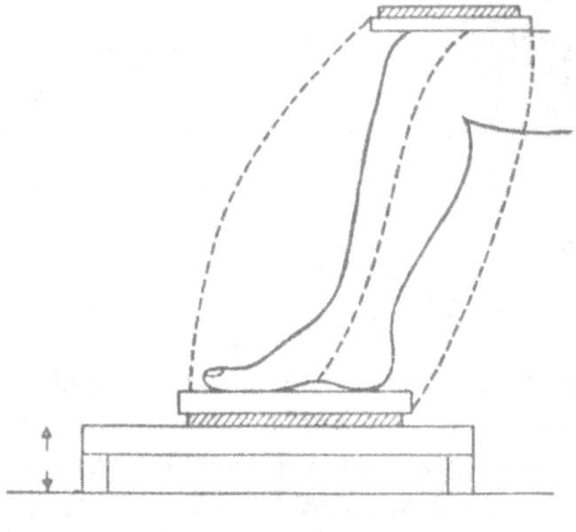

Abb. 67
Anordnung der Elektroden zur gleichmäßigen Längsdurchflutung des Unterschenkels

Ausführung der Behandlung

Eine absolute Messung der im Patienten erzeugten Wärme gibt es leider noch nicht. Man ist auf die Angaben des Patienten angewiesen, der deshalb **vorher darauf aufmerksam** zu machen ist, daß nur ein **ange-**

n e h m e s Wärmeempfinden erzeugt werden soll, und daß jede Wärmesteigerung, Hitze, Brennen, Stechen, Schmerz s o f o r t angegeben werden müssen, damit Überhitzungen und Schäden durch Regulierung vermieden werden können. Der Patient darf deshalb während der Behandlung n i e m a l s unbeaufsichtigt bleiben! Es ist sehr wichtig, vor Beginn der Behandlung das Temperaturempfinden des Patienten zu prüfen, da es bei schweren Nervenerkrankungen oder Nervenverletzungen, Tabes dorsales stark herabgesetzt oder sogar ganz aufgehoben sein kann. Derartige Patienten sind ungeeignet zur Behandlung, bzw. sie dürfen n u r nach Rücksprache mit dem behandelnden Arzt und auch dann nur mit Mindestdosen durchströmt werden.

Da durch die Distanzierung der Elektroden von der Haut eine vollständige Entkleidung des Patienten oft nicht notwendig ist, wie bei Längsdurchflutungen der Extremitäten, muß unbedingt darauf geachtet werden, daß sich im Behandlungsfeld keinerlei Metallteile befinden, die „Punktwärme" erzeugen könnten. Durch Feldverdichtung erwärmen sie sich wesentlich stärker als die Umgebung und können zu Verbrennungen führen; z. B. Metallknöpfe, Schnallen, Nadeln, Tascheninhalt: Schlüssel! usw. Zahnplomben erzeugen meist keine schädliche Erwärmung. Besonders zu beachten sind eventuell im Körper befindliche Metallteile wie Granatsplitter, Nagelungen, die unter Umständen die Behandlung unmöglich machen.

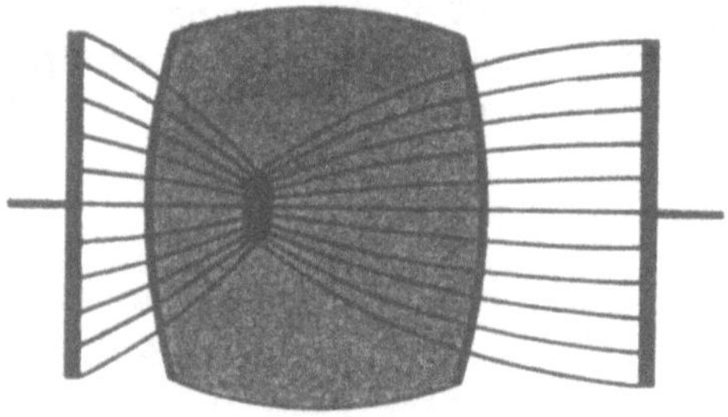

Abb. 69
Starke Erwärmung eines metallischen Fremdkörpers im KW-Feld durch Konzentrierung der Feldlinien

Die Elektrodenkabel dürfen während der Behandlung weder einander noch den Patienten berühren, es könnte dadurch zu ungewollter Energieableitung und starker Erwärmung an unerwünschten Stellen kommen. Man isoliert die Kabel am besten durch Unterlegen von Filzplatten, Schwammgummi oder ähnlichem.

Der Behandlungstisch oder- stuhl soll keine Metallteile enthalten, die Energieverluste hervorrufen und sich erwärmen und bei Berührung Funken geben könnten, die wiederum zu Hautverbrennungen führen. Die Tischunterlage darf nicht aus „Halbleitern" wie Wachstuch, Kunstleder, Leder oder feuchten Stoffen bestehen, da sich diese ebenfalls durch Energieableitung erwärmen können bis zur Erhitzung. Die Behandlung soll auf trockenen Decken, Laken oder Frottiertüchern erfolgen. Am günstigsten sind Spezialruhelager, wie Abbildung zeigt.

Zur Distanzierung der Gummielektroden von der Haut werden durchlochte Filzplatten in der passenden Größe verwendet, die absolut trocken sein müssen und niemals unmittelbar der Haut des Patienten angelegt werden sollen. Man steckt sie entweder in Säckchen oder isoliert sie von der Haut durch Tücher, Zellstoff, eventuell durch leichte Wäschestücke.

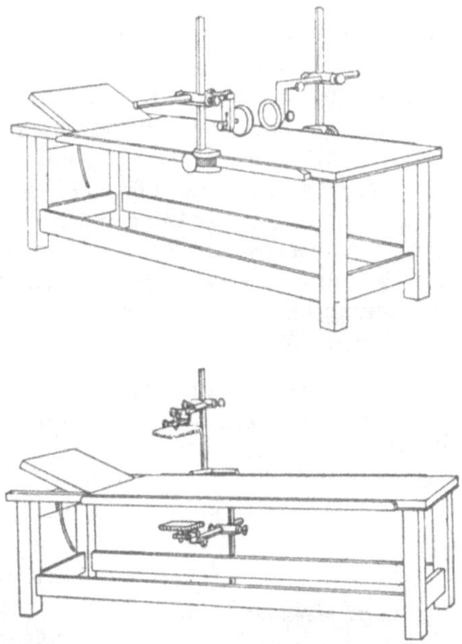

Abb. 70. Speziallagerungstisch für Kurzwellenbehandlung. a) mit Anordnung der Elektroden für frontale Lokalbehandlung b) mit Anordnung der Eektroden für sagitale Behandlung

Die Elektroden sollen nur leicht und ohne Druck angewickelt werden wo es notwendig ist.

Die Dosierung ist Sache des Arztes. Man unterscheidet eine Schwachbehandlung ohne Wärmegefühl von einer Normaldosis mit einem mäßigen angenehmen Wärmegefühl. Niemals soll die Regulierung des Apparates dem Patienten überlassen werden, da immer die Gefahr der Verbrennung durch Überdosierung besteht. Beim Einschalten ist stets zunächst nur bis zu einem beginnenden Wärmegefühl des Patienten zu regulieren, da nach einigen Minuten die Erwärmung selbständig noch weiter ansteigt, erst dann darf man die maximale Dosis einstellen. Es empfiehlt sich durch ein Leuchtröhrchen, das bei einigen Apparaten zur Kontrolle schon in einen Kabelanschluß eingebaut ist, die richtige Funktion der Apparatur zu kontrollieren. Die Behandlungsdauer beträgt im allgemeinen 10 bis 20 Minuten, in besonderen Fällen auch bis zu 30 Minuten.

Fiebertherapie

Kurzwellendurchströmungen des Körperstammes können zu einer Erhöhung der Körpertemperatur über 37° führen. Die moderne Heilkunde hat das Fieber als eine Abwehrreaktion des Körpers erkannt, weswegen es nicht mehr unterdrückt wird, sondern ganz im Gegenteil zur Heilung ausgenutzt oder sogar künstlich hervorgerufen wird. Es gibt dazu mehrere Möglichkeiten. Bekannt geworden ist die Malariafiebertherapie bei Lues, die aber eine zusätzliche Infektion bedeutet und sich nicht exakt dosieren läßt. Es hat sich inzwischen herausgestellt, daß der Erfolg wahrscheinlich nicht auf der Infektion mit Malaria, sondern auf der Temperaturerhöhung an sich beruht. Man kann sie ebenso gut durch heiße Bäder, sogenannte Überwärmungsbäder, erreichen, die aber wiederum nur beschränkt anwendbar sind. In der Ultra-Kurzwellen-Durchströmung ist nun eine Methode gefunden worden, die es gestattet, Erhöhungen der Körpertemperatur zu erzeugen mit exakter Dosierung sowohl der Wärme als auch der Fieberdauer. Die Erhöhung der Temperatur mit physikalischen Mitteln hat ferner den sehr wesentlichen Vorzug, daß bei Eintritt von Zwischenfällen wie Herzschwäche, die Behandlung abgebrochen werden kann. Außerdem bleibt der Patient von den toxischen Wirkungen der Malariainfektion verschont.

Man benutzt dazu Kurzwellenapparate mit einer therapeutischen Leistung von etwa 600 bis 1000 Watt, entweder mit sehr großflächigen Elektroden oder mit Spulenfeldelektroden. Man kann auch zwei Apparate mit geringerer Leistung verwenden.

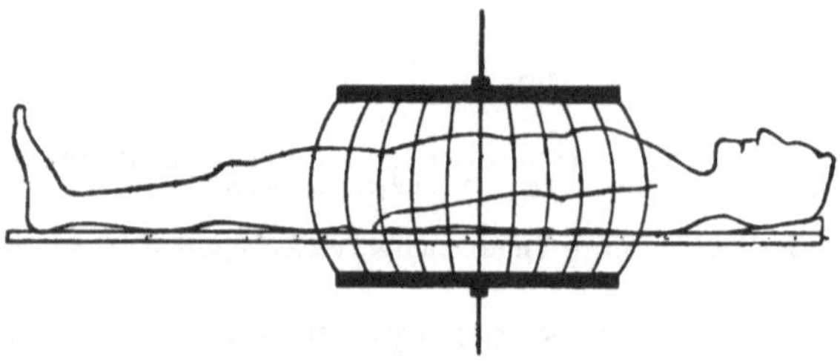

Abb. 71
Anordnung der Elektroden zur Hyperthermie im Kondensatorfeld an einem Apparat

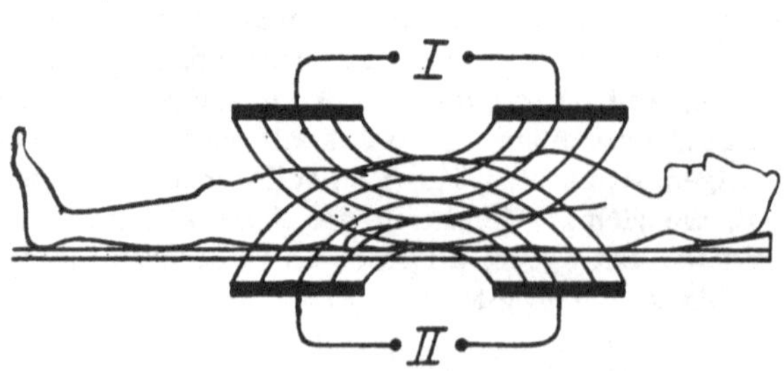

Abb. 72
Hyperthermiebehandlung mit zwei Apparaten

Die Elektroden müssen so angeordnet werden, daß der gesamte Körper möglichst gleichmäßig erwärmt wird, d. h. die Elektroden müssen so groß wie möglich (etwa 30 × 40 cm) und genügend weit vom Körper distanziert sein, im allgemeinen 10 cm Abstand. Der Patient wird dabei wärmeisoliert gelagert, möglichst bequem, weil die Behandlung 3 bis 8 Stunden dauern muß. Eine klinische Vorbereitung auf die Therapie ist notwendig und eine ständige Beobachtung und Kontrolle des Patienten.

Die Firma Siemens hat ein Spezialbehandlungsbett für die Durchführung einer Hyperthermie konstruiert, die sogenannte „Fieberkabine". Es ist ein Kasten, dessen Temperatur zur Unterstützung durch elektrische Heizung reguliert werden kann. Er enthält außerdem ein Wassergefäß zur

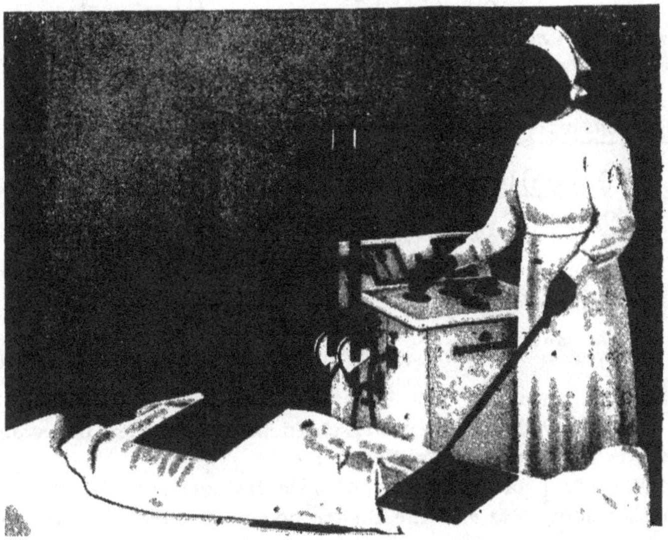

Abb 73. Fiebertherapie mit „Radiotherm" von Siemens

Schaffung feuchter Wärme. Die Benutzung einer solchen Fieberkabine hat den Vorteil, daß mit Kurzwellenapparaten kleiner Leistung, wie sie allgemein im Gebrauch sind, Fiebertemperaturen in jeder gewünschten Höhe erzeugt werden können.

e) Arsonvalisation

Eine weitere Form der Anwendung hochfrequenter Ströme ist die Arsonvalisation. Sie benutzt nicht nur hohe Frequenzen, sondern gleichzeitig sehr hohe Spannungen, zwischen 100 000 und 300 000 V und nur sehr geringe Stromstärken. Die Arsonvalapparate haben einen Stufentransformator. Zunächst wird die Netzspannung auf etwa 30 000 V gebracht und damit der Kondensator des Schwingkreises geladen. Im Schwingkreis werden Knallfunkenstrecken mit einem Elektrodenabstand von 5 bis 10 cm verwendet. Durch einen Teslatransformator wird dann der hochfrequente Strom hochgespannt. Die Selbstinduktion des Schwingkreises bildet zugleich die Primärspule des Teslatransformators, der im Patientenkreis die Tesla-Sekundärspule gegenübersteht. Im sekundären Schwingkreis fließt nun hochfrequenter und hochgespannter Strom.

Anwendungstechnik

Die Arsonvalisation ist eine physikalische Heilmethode, die zwar überholt ist, aber nach Ansicht von Wiener Therapeuten doch eine Zukunft hat und in dortigen Instituten mit Erfolg angewendet wird, und deshalb hier kurz besprochen werden soll. Nach Holzer sind aber nur die großen Teslaapparate zur Ausführung einer wirkungsvollen Therapie geeignet. Die Aus-

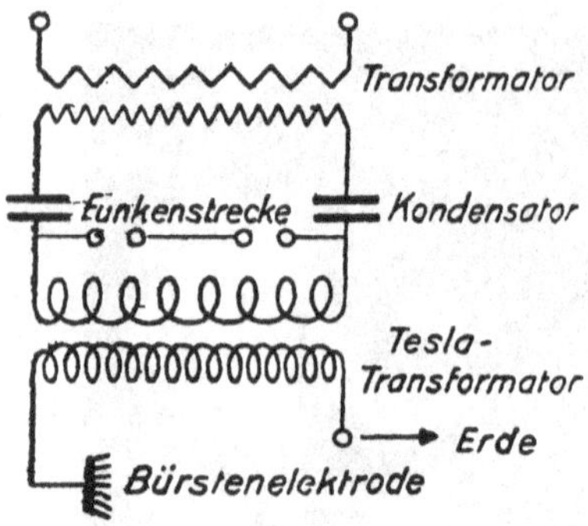

Abb. 74
Schaltschema eines Arsonval-Apparates

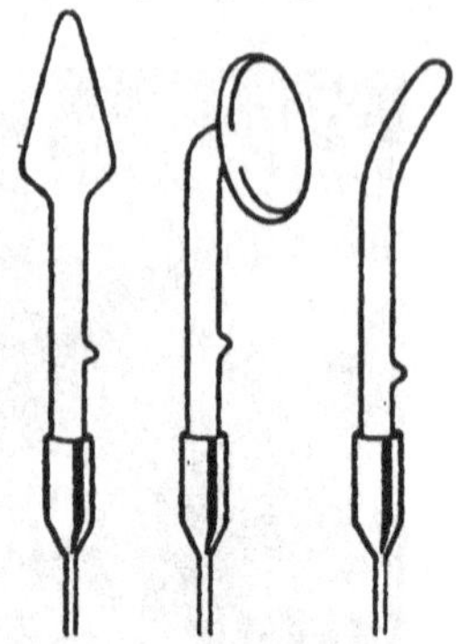

Abb. 75
Vakuum-Glaselektroden zur Arsonvalisation

führung erfolgt entweder mit Bürsten- oder Spitzenelektroden, oder mit Vakuum-Glaselektroden in den verschiedensten Formen, die während des Betriebes wie Geißlerröhren aufleuchten.

Die Behandlung läßt sich sowohl **unipolar** wie auch **bipolar** ausführen. In jedem Fall sind stets **erst** die Elektroden anzuschließen, **dann** der Apparat einzuschalten und durch Abstimmen die Spannung einzuregulieren. Bei Anwendung von Glimm- oder Büschelelektroden ist Funkenübergang unbedingt zu vermeiden. Sollen Vakuumelektroden benutzt werden, so ist vorher die Haut mit Talkum gleitfähig zu machen, da die Elektroden über die Haut bewegt werden.

Behandlungsdauer: 5 bis 15 Minuten.

Funkenbehandlung: 1 bis 5 Minuten nur nach ärztlicher Angabe, bzw. Ausführung durch den Arzt selbst!

Bei Lokalbehandlungen wird z. B. eine bürstenförmige Elektrode an den Patienten herangebracht, die mit einem Pol der Sekundärspule des Teslatransformators verbunden ist. Aus dieser Bürstenelektrode entströmt ein Glimmlicht, das bei höherer Spannung oder verringertem Abstand zwischen Bürste und Patient in ein Büschellicht und schließlich in einen elektrischen Funken übergeht. Das Glimmlicht besteht aus einem intensiv blau leuchtenden Schein um die Elektrode herum, aus der unter zischendem Geräusch kurze unruhige Leuchtfäden hervorschießen. Der physikalisch wirksame Durchmesser der Glimmentladung ist wesentlich größer als er dem Auge sichtbar erscheint, da auch erhebliche Mengen ultravioletten Lichtes ausgestrahlt werden.

Die speziellen Wirkungen des **Glimmlichtes** bestehen in chemischen, mechanischen, optischen und Wärmewirkungen.

1. **chemische Wirkungen:** durch Abspalten von O- und N-Molekülen werden neue Verbindungen geschaffen, es entstehen vor allem Ozon, Salpetersäure und salpetrige Säure;

2. **mechanische Wirkungen:** durch starke Ionen- und Elektronenwanderung entsteht sogenannter Elektronenwind;
3. **optische Wirkungen:** es ergibt sich eine ziemlich starke UV-Strahlung.
4. **die Wärmewirkung** ist am geringsten.

Die biologische Wirkung besteht aus thermischen, hochfrequenten und spezifischen Reizen, die z. T. noch nicht erklärbar sind. Hochfrequenter Strom hat keine Erregung der sensiblen oder motorischen Leitungen zur Folge; es zeigt sich aber nach Durchströmung mit hochfrequenten Arsonvalströmen ein Betäubungsstadium. Durch den starken Hautreiz kommt es zu einer reflektorischen Zunahme des Atemvolumens. Dieses wird vor allem bezweckt bei Durchströmungen der Herzgegend, die dann eine Vertiefung der Atmung und eine vorübergehende Blutdrucksteigerung zur Folge hat Auf der Haut kommt es zu einer Hyperämie, kann auch bei längeren Einwirkungen zur Hämolyse und zu Verbrennungen zweiten Grades führen Die Vernarbung erfolgt auffallend schnell.

Bei Anwendung von Arsonvalströmen in Lösungen und in Gegenwart von Luft entfalten sich chemische Vorgänge. So können z. B. bei Anwesenheit von Jodsalzen Coli-, Tb.- und Di.-Bazillen abgetötet werden.

f) Hochfrequenzchirurgie

Die hier geschilderten Methoden werden auch unter dem allgemeinen Namen **Elektrochirurgie** zusammengefaßt. Man unterscheidet dabei verschiedene Verfahren:

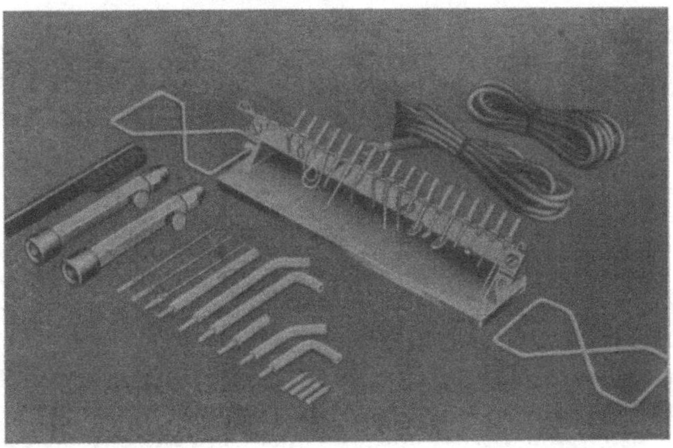

Abb 76. Elektrochirurgisches Besteck

1. **Die Elektrotomie** oder den elektrischen Schnitt. Dabei wird das Gewebe mit hochfrequenten Funken glatt und scharf durchschnitten. Je höher die Frequenz und je rascher die Schnittführung ist, um so weniger tritt Koagulation ein.

2. **Elektrokoagulation.** Durch das Aufsetzen z. B. einer Knopfelektrode auf die Haut kommt es beim Einschalten des Stromes in tieferen Schichten zu einer Gerinnung und an der Oberfläche zur Verschorfung. Überdosierung führt zur
3. **Karbonisation,** die auch absichtlich zur oberflächlichen Verschorfung ohne tiefgehende Koagulation herbeigeführt werden kann.

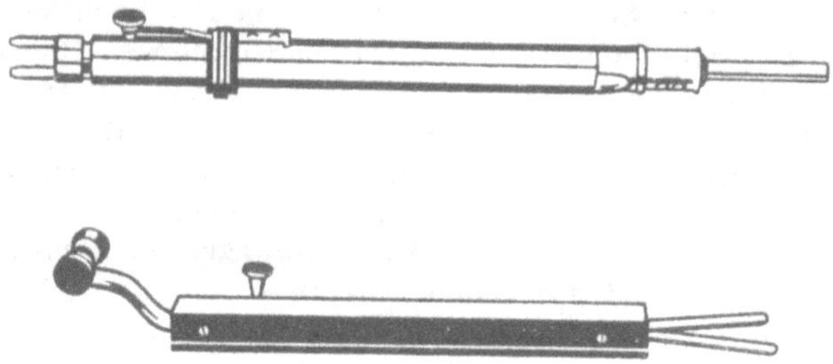

Abb. 77. Nadelhalter

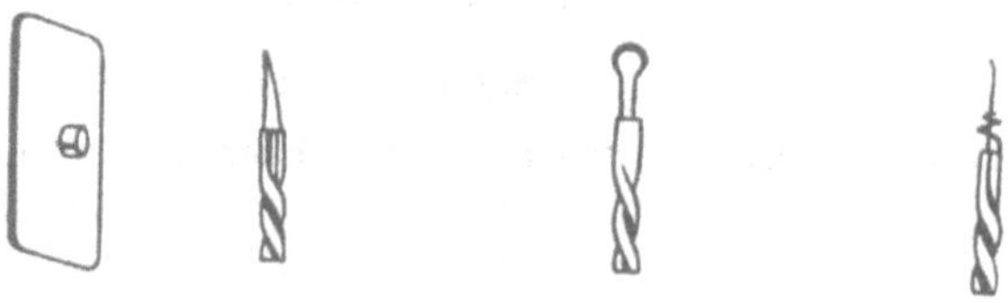

Abb. 78. Chirurgie-Elektroden

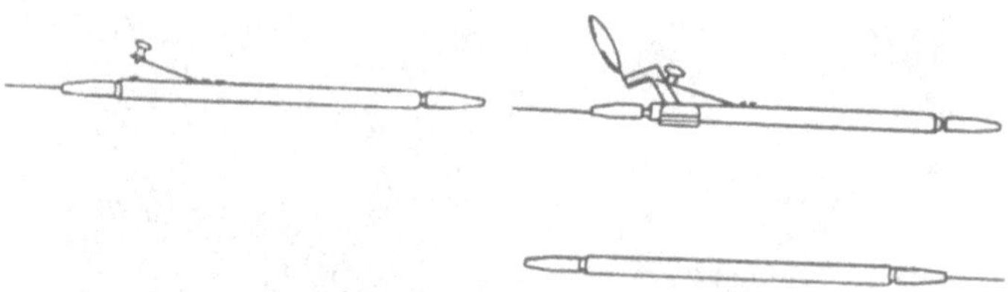

Abb. 79. Epilationsnadeln für die Elektrochirurgie

4. **Elektrokorie.** Mit Hilfe eines dünnen Spatels wird die Oberfläche von Wundflächen hauchdünn koaguliert.

Physikalisch-technisch handelt es sich um das Prinzip der aktiven und der inaktiven Elektrode, das bei der Kurzwellentherapie zur bevorzugten Erwärmung angewendet wird und hier nun bis zum Extrem gesteigert ist, indem die aktive Elektrode zu einer metallischen Nadel, einem Messer, einer Schlinge, einer kleinen Kugel — Knopfelektrode — oder Spezialformen verkleinert ist. Es entsteht dadurch zur aktiven Elektrode hin eine starke Verdichtung der Feldlinien auf engstem Raum und damit große Wärme, worauf die Elektrokoagulation und die Karbonisation beruhen. Bei der Elektrokorie kommt noch die Hitzewirkung des elektrischen Funkens hinzu.

Die Hochfrequenzchirurgie wird sowohl bei großen Operationen angewendet als auch in besonderem Maße in der kleinen Chirurgie in der Sprechstunde. Sie hat Vorzüge, die sie gerade für die letztere ganz besonders geeignet macht, nämlich große Sicherheit bezüglich der Sterilität, vor allem dadurch, daß durch die Verschorfung die Wunden sofort gut verschlossen werden können.

Abb. 80. Thermoflux Spezial von Siemens

Man kann jeden Kurzwellenapparat, zu dem ein kleines chirurgisches Besteck mitgeliefert wird, zu chirurgischen Eingriffen benutzen. Das Besteck besteht aus einem Halterungsgriff mit einem Handschalter und einer Reihe von Nadeln, feineren und gröberen Schlingen, kleinen und größeren Knopfelektroden, die nach Bedarf im Halter befestigt werden. Zur Schnittführung wird die Stromstärke vorher einreguliert, während zur Koagulation nach ärztlicher Angabe langsam eingeschaltet werden muß. Die Zeitschaltung liegt im Handgriff in der Hand des operierenden Arztes.

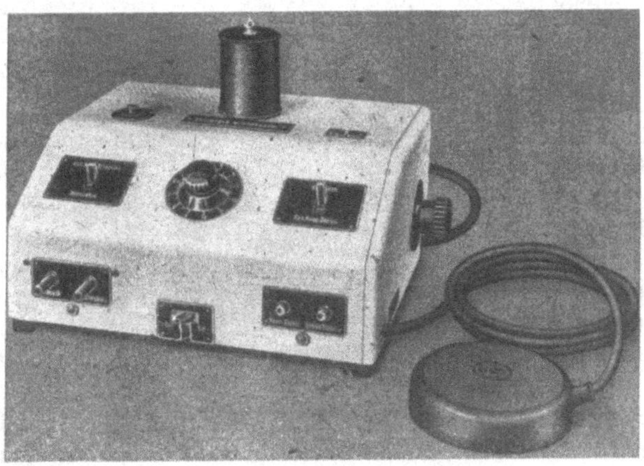

Abb 81 Mikrotherm von Siemens

Geeigneter für häufigen Gebrauch sind jedoch Spezialapparaturen, die mit genauen Meßinstrumenten und einem Fußschalter ausgestattet sind, wie z. B. Thermoflux oder Mikrotherm. Diese Apparate haben meist zwei getrennte Hochfrequenzkreise, 1. den Elektrotomiekreis mit einstellbarer Wellenlänge von etwa 300 m abwärts; und 2 den

Abb. 82. Spezial Kondensator-Sitzelektroden

Koagulationskreis, bei dem es auf die Funkenfolge ankommt. In diesem Kreis beträgt die Wellenlänge meist 500 bis 200 m. Die Geräte sind fahrbar oder transportabel.

Im Operationssaal ist ebenso wie bei Kurzwellenapparaten das Abdecken der Apparatur mit sterilen Tüchern zu empfehlen. Sämtliches Zubehör wie Handgriffe, Elektroden, Zwischenstücke und Anschlußkabel sind leicht zu sterilisieren.

Als neutrale Gegenelektroden werden blanke Elektroden benutzt, die eine ausreichend große Fläche haben müssen. Die Haut wird an der Auflagestelle gut mit Seifenspiritus abgerieben und die Elektrode glatt und gleichmäßig angewickelt. Für kleinere Operationen genügt eine Metallfolie um den Unterarm, für große Operationen wird die Operationstischauflage empfohlen. Es ist diese ein Gummikissen mit Metallgazeüberzug, das sich auch bei Lageveränderungen dem Körper immer gleichmäßig anschmiegt. Ähnlich ausgeführt ist auch eine Kondensator-Sitzelektrode.

9. Die Akustik in der Therapie

Das jüngste Gebiet der Physikalischen Therapie ist die Akustik. Erste Erfolge und Beobachtungen lassen eine zunehmende Anwendung erwarten. Bisher hatte die Akustik in der Medizin fast nur diagnostische Bedeutung, so z. B. in der Unterscheidung und Beurteilung von Lungengeräuschen und Herztönen.

Die Akustik ist die Welt der Töne. Ein Ton entsteht durch Schwingungen elastischer Körper (Saiten, Stimmgabel, Stimmbänder). Die Schwingungen pflanzen sich durch elastische Stöße von Molekül zu Molekül fort. Es sind Schwingungen von Materieteilchen in der Fortbewegungsrichtung — **longitudinale Wellen,** die vom Empfänger — dem menschlichen Ohr — als Ton oder Schall aufgenommen werden. Die akustischen Wellen sind also an Materie gebunden, sie können sich im Vakuum **nicht** fortpflanzen. Die Fortpflanzungs- oder Schallgeschwindigkeit ist von dem Medium abhängig, das den Schall leitet. Sie beträgt z. B. in der Luft etwa 330 m pro Sekunde, im Wasser etwa 1435 m pro Sekunde, sie ist aber stets für alle Wellenlängen gleich.

Die Zahl der Schwingungen pro Sekunde oder die Frequenz — ausgedrückt in „Hertz“ — bestimmt die Höhe eines Tones. Die Wahrnehmungsfähigkeit oder der Hörbereich des menschlichen Ohres ist begrenzt, sie liegt etwa zwischen 15 und 20 000 hz. Höhere Frequenzen können als Töne nicht mehr wahrgenommen werden, rufen aber in festen Körpern eine Reihe von Erscheinungen hervor, die in der Technik bereits eine bedeutende Rolle spielen und deren Erforschung zu einem großen Sondergebiet angewachsen ist. Schallwellen mit einer Frequenz von 17 kzH aufwärts werden als **Ultraschallwellen** oder als hochfrequente mechanische Schwingungen bezeichnet.

Die Erforschung der Schallempfangsorgane bei Tier und Mensch beschäftigt die Physiologie. Zwei Möglichkeiten gibt es, eine Schallwelle wahrzunehmen: entweder ist der Schalldruck die Ursache der Erregung des Empfangsorgans = Druckempfänger, oder die Bewegung (Beschleunigung) der Mediumteilchen regt die schwingungsfähigen Gebilde des Empfängers an = Bewegungsempfänger. Druck und Bewegung wachsen mit höheren Frequenzen und beeinflussen dann auch andere Organe und Gewebe.

Die Biologie und die Medizin interessieren die Beeinflussung lebender Organismen mit Ultraschallwellen, vor allem die Auslösung physikalisch-chemischer Wirkungen. Erste Beobachtungen waren solche zerstörender Art: wie Tötung kleiner Fische bei Schallversuchen unter Wasser, ferner Zerstörung von Erythrozyten in physiologischer Kochsalzlösung. Auf diese ersten Beobachtungen sind lange intensive Forschungen gefolgt, deren Ergebnisse besonders für die Bakteriologie wichtig geworden sind.

Man hat beobachtet, daß schon bei geringen Schallintensitäten sehr heftige Bewegungen im Zellinnern ausgelöst werden, die bei Steigerung der Intensität bis zur Veränderung des Aussehens einer Zelle führen. Die Ursache ist ein Druck, also ein mechanischer Reiz, wie er auf keine andere Weise erzielt werden kann. Auffällig ist die vollständige Regeneration der Zelle hinterher. Man unterscheidet aber reversible und irreversible Wirkungen von Ultraschallwellen auf Zellen und Mikroorganismen. Wird nämlich die Schallintensität sehr groß, dann ist sicher, daß eine Zerstörung in außerordentlich kurzer Zeit erfolgt, aber dabei ist eine erheblich unterschiedliche Reaktion des Gewebes zu beobachten. Es gibt Zellarten, die dagegen resistent zu sein scheinen, wie z. B. Leberzellen. Die Wirkung von Ultraschallwellen ist also nicht einheitlich; sie ist außerdem abhängig von der Intenstät, die in die Tiefe gelangt. Die stärkste Reaktion bei Einwirkung von Ultraschallwellen wird in der Haut auftreten.

Absorbierte Ultraschallenergie setzt sich in Wärmeenergie um. Es kommt daher zu einer erheblichen Temperaturerhöhung einzelner Gewebe, die wie in der Kurzwellentherapie als **selektive Erwärmung** bezeichnet wird, hier aber von sehr viel größerer Bedeutung ist.

Die Anwendung von Ultraschallwellen in der Therapie ist abhängig von der Schallfrequenz, der Intensität und der Absorption. Der Absorptionskoeffizient, d. h. die Schwächung der Schallenergie beim Durchgang durch die Materie, von dem die Tiefenwirkung abhängt, wird geringer bei zunehmender Frequenz. Man wendet daher zur Oberflächentherapie höhere Frequenzen an als zur Tiefentherapie. Überraschend gute Erfolge sind erzielt worden bei Neuralgien, vor allem bei Ischias. Neueste Erfolge berichtet Dr. Horvath in der med. Klinik 1946 über Heilerfolge bei Ca nach einmaliger Beschallung von 10 bis 15 Minuten und nimmt als Ursache nicht die Wärme allein, sondern mikrotraumatische Insulte an.

Geräte zur Ultraschalltherapie werden gebaut von den Firmen Siemens und Dr. Steeg & Reuter, Bad Homburg v. d. H. Sie befinden sich noch in der Entwicklung. Im Prinzip bestehen sie aus einem Hochfrequenztransformator, der seine Schwingungen auf den Ultraschallgeber überträgt. Als Ultraschallgeber werden Kristalle benutzt, die die Eigenschaft haben, sich im elektrischen Feld mechanisch zu deformieren. Das sind solche Kristalle, in denen bei mechanischen Beanspruchungen in bestimmter Richtung elektrische Ladungen entstehen, der sogenannte **piezoelektrische Effekt;** umgekehrt erleiden diese Kristalle mechanische Veränderungen im elektrischen Feld. Diese mechanische Deformation kann eine Kompression = Zusammendrückung oder eine Torsion = Drehung sein, im Wechselfeld ergibt sich eine mechanische Schwingung eines elastischen Körpers. Als Ultraschallgeber kommen nur Kristalle in Frage, die neben einem genügend großen piezoelektrischen Effekt auch eine ausreichende mechanische Festigkeit besitzen, nämlich Quarze und Turmaline.

Der Ultraschallgeber für therapeutische Zwecke wird in Form eines Massagekopfes gebaut, der über die erkrankte Körperpartie bewegt wird. Als Kontaktsubstanz ist reines Paraffinöl oder ein Liniment verwendet worden.

10. Mechanische Verfahren.

Die Anwendung rein mechanischer Mittel zu therapeutischen Zwecken ist das Arbeitsgebiet von Masseuren und Heilgymnastinnen und soll daher hier ebenfalls nur erwähnt werden. Es gehört dazu

1. **die Massage** in ihren verschiedenen Ausführungsformen, wozu auch die mit dem Pantostaten auszuführende Vibrations- und Trommelfellmassage zu rechnen ist;
2. **die Bewegungstherapie,** die aktiv und passiv sein kann. Die medicomechanische Übungstherapie an Zandergeräten und als rein aktive Behandlung die Gymnastik, die als wichtiges Heilverfahren unentbehrlich geworden ist;
3. **die Atmungstherapie,** die ebenfalls verschiedene Möglichkeiten hat, nämlich die Atemgymnastik oder Pneumotherapie, die Inhalationstherapie (Einatmen von zerstäubten oder verdunsteten Flüssigkeiten) und die Luftionenbehandlung (Einatmen künstlich erzeugter Luftelektrizität).

II. Anwendung der Physik in der Diagnostik

1. Elektrokardiographie

Das Elektrokardiogramm = Ekg. ist ein unentbehrliches Hilfsmittel zur Untersuchung von Herzfunktion und Kreislauf und daher heute zur Analyse der Herzkrankheiten unerläßlich.

Worauf beruht die Aufnahme eines Elektrokardiogramms? Das Herz ist ein Hohlmuskel. Wie bei jeder Muskelfunktion entstehen bei der Arbeit kleine Aktionsströme. Ein ruhender Muskel zeigt keinerlei elektrische Potentiale. Wird der Muskel erregt und eine Bewegung ausgelöst, so entsteht ein kleiner Aktionsstrom. Der Bewegungsablauf einer Muskelfunktion ist vielleicht am besten mit einer stehenden Welle zu vergleichen. Die jeweils erregte Stelle im Muskel hat ein negatives Potential gegenüber den noch oder schon wieder unerregten Teilen des Muskels, die ein positives Potential haben.

a) In Ruhe

b) Erregt

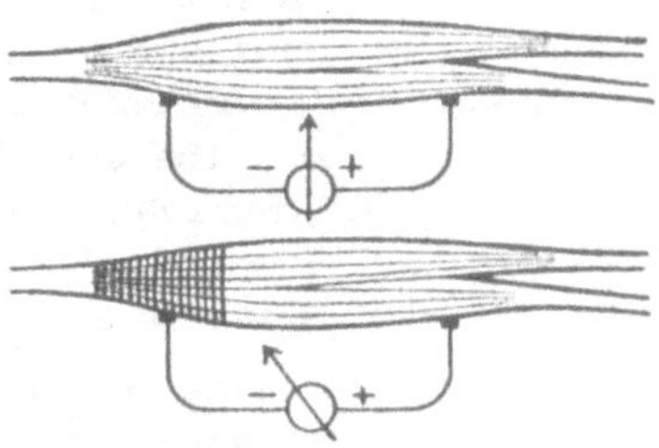

Abb. 83. Schema einer Muskelfunktion und Nachweis der Aktionsspannung

Gesetzt den Fall, daß eine Erregung nur bis zu einer künstlichen Sperre in der Mitte des Muskels laufen könnte (Abb. 84a), dann würde sie dort wieder abklingen und der Spannungsmesser auf „0“ zurückgehen. Graphisch dargestellt ergibt sich eine „monophasische Kurve“. Läuft die Erregung über den ganzen Muskel, so ergeben sich zwei entgegengesetzt gerichtete monophasische Schwankungen oder eine biphasische Aktionsspannung.

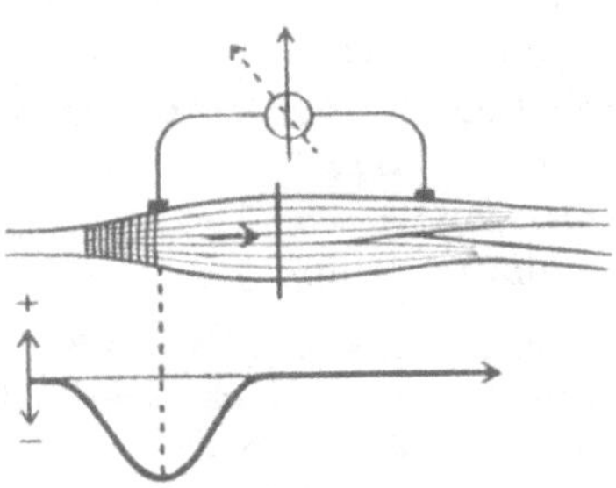

Abb. 84a
Entstehung einer monophasischen Aktionsspannung

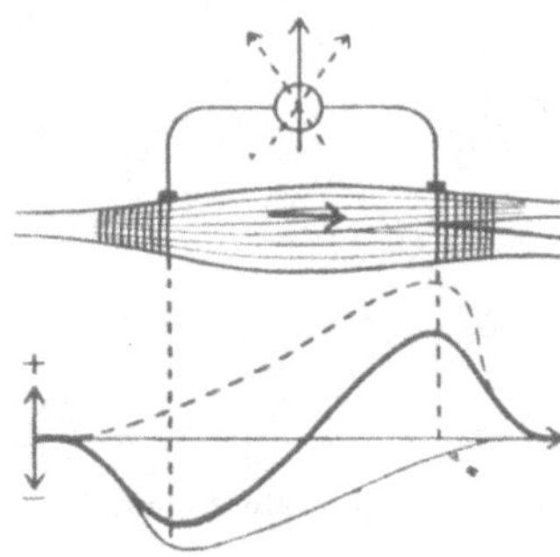

Abb. 84b
Entstehung einer biphasischen Aktionsspannung

Ebenso vollzieht sich die Bewegung des Herzmuskels, da dieser jedoch ein Hohlmuskel ist, breiten sich die bioelektrischen Spannungen nicht nur in einer Richtung aus, sondern sie pflanzen sich gebunden an das Reizleitungssystem durch den ganzen Körper hin fort und können von den Extremitäten mit Elektroden abgeleitet werden. Die Ausbreitung der Potentiale über die Körperfläche stellt schematisch Abb. 85 dar.

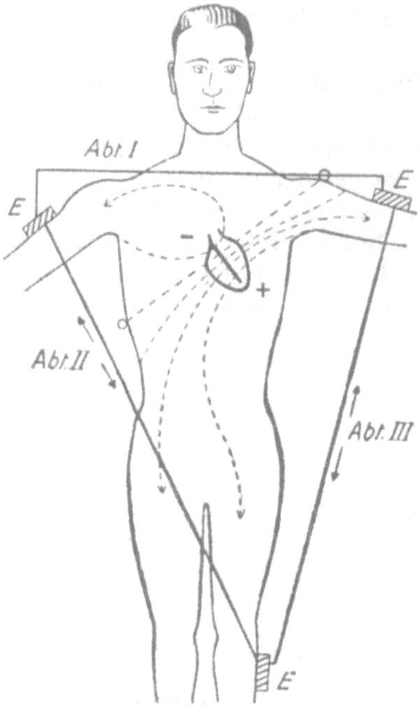

Abb. 85. Ausbreitung der Herzpotentiale und ihre Ableitungen

Der Erregungsablauf beim Herzmuskel beginnt im Sinusknoten im rechten Vorhof. Bei Ausschaltung des Sinusknotens übernimmt der Atrio-Ventrikularknoten oder Aschoff-Tawaraknoten, abgekürzt A. T., die Reizbildung, und bei dessen Ausschaltung geht die Reizbildung in die Kammertiefe zum His'schen Bündel mit seinen zwei Schenkeln, dem rechten und linken Schenkel, die sich in das Purkinjewsche Netzwerk auflösen.

Die Erregung geht vom rechten Vorhof aus, wo dann ein stark negatives Potential besteht. Zwischen bestimmten Punkten können nun sehr große Potentialunterschiede abgeleitet werden, während zwischen anderen keine Differenzen bestehen und auch am Meßgerät kein Ausschlag angezeigt wird. Als günstigste **„Ableitungen"** haben sich erwiesen:

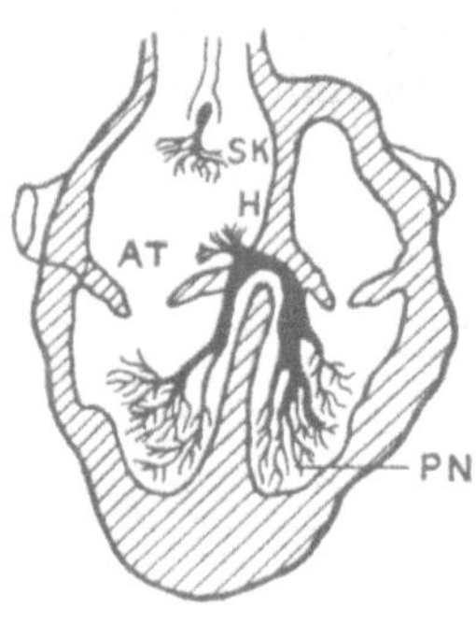

Abb. 86. Die Nervenknoten des Herzens

Ableitung I: vom rechten Arm und linken Arm,

Ableitung II: vom rechten Arm und linken Bein

Ableitung III: vom linken Arm und linken Bein.

Die Potentiale lassen sich auch direkt über dem Herzen abnehmen als Ableitung IV (evtl. Ableitungen V und VI) oder **praecordiale Ableitung**, wobei die Anlagestelle der zweiten Elektrode praktisch gleich ist, meist am linken Bein. Wichtig ist, daß die Elektroden an solchen Stellen angelegt werden, die möglichst wenig Mukulatur zwischen Haut und Knochen besitzen. Am bester eignen sich an den Armen die dorsale Seite des Unterarms, und an der Beinen die mediale Seite des distalen Tibiaendes. Die Haut des Patienten wird mit 90% Alkohol entfettet und dann werden mit reichlich physiologischer Kochsalzlösung getränkte Kompressen darauf gebracht und darüber die Silber- oder schwer versilberten Elektroden angewickelt.

In den einzelnen Abteilungen werden jeweils Teilspannungen abgenommen, die daher in der Höhe, nicht aber in der Form unterschiedliche Kurven zeigen. Aus allen Ableitungen zusammen ergibt sich die Herzaktionsspannung. Die Hauptausbreitungsrichtung der Erregungswelle wird als **„elektrische Herzachse“** bezeichnet, die mit der anatomischen Herzachse nicht völlig übereinstimmt. Sie ergibt sich aus Größe und Richtung der R-Zacke. An dem Einthovenschen Dreieckschema wird die Höhe der Spannungsausschläge in den einzelnen Ableitungen deutlich. Eine anatomische Lageveränderung des Herzens beeinflußt auch die elektrische Herzachse, so daß die Ausschlagshöhe und -richtung in den einzelnen Ableitungen charakteristisch verändert ist.

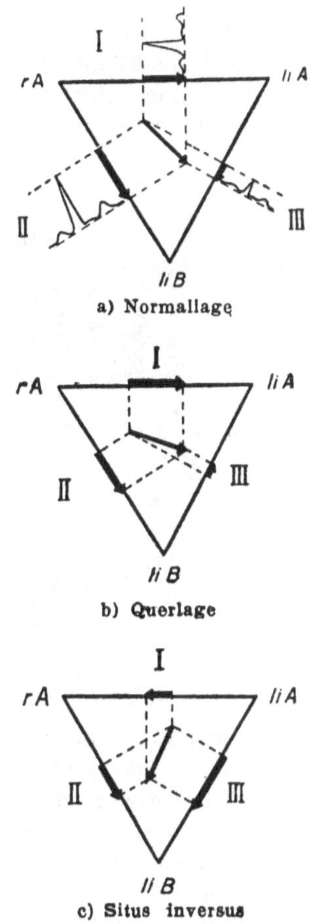

Abb. 87. Einthovensches Dreieckschema. Die Ausschlagsgröße in den drei Ableitungen entsprechen der Herzlage

Abb. 88. Prinzip des Galvanometers

Die feinen von den Elektroden aufgenommenen Aktionsströme werden zu einem elektrischen Röhrenverstärker geleitet, der die Spannung etwa 4000mal verstärkt und sie mit einem Oscillographen zur Aufzeichnung bringt. Ein Oscillograph ist ein Galvanometer, dessen Spule — aufgehängt zwischen zwei Magneten, einem Nordpol und einem Südpol — auf jede Spannungs- und Potentialänderung reagiert durch Drehung in Richtung der jeweiligen magnetischen Anziehung (Drehspulinstrument). Wird die Spule mit einem Zeiger verbunden, dann lassen sich die Ausschläge an einer Meßskala ablesen, oder mit einem Schreibstift verbunden, unter dem ein Papierband läuft, können die Ausschläge in Form von Kurven festgehalten werden.

Die Herzaktionsspannungen sind so außerordentlich klein, daß sie die Trägheit eines solchen Oscillographen nicht überwinden können. Man benutzt daher in der Elektrokardiographie Spiegelgalvanometer. Hier be-

Abb. 89. Siemens Einkoffer-Elektrokardiograph

steht die Spule aus einer feinen Saite, die einen Spiegel trägt, der allen Bewegungen folgt. Ein Lichtstrahl wird vom Spiegel reflektiert, auf eine Mattscheibe geworfen oder auf einen sich bewegenden Film oder Papierstreifen übertragen. Die rhytmischen Ausschläge der Herzaktionsspannung können so auf der Mattscheibe verfolgt oder durch die Belichtung eines Films nach der Entwicklung in Form von charakteristischen Kurven aufgezeichnet werden.

Die Aufnahme eines Elektrokardiogramms

Zur Vermeidung und Ausschaltung aller Muskelaktionsströme mit Ausnahme derjenigen des Herzens, muß der Patient völlig entspannt, ruhig und bequem und störungsfrei auf einem Ruhebett liegen. Dann werden die Elektroden angewickelt, und zwar je eine Elektrode an den Armen und die dritte am linken Bein. Es werden nun nacheinander oder gleichzeitig (bei großen Klinik- und Forschungsapparaten) drei oder mehr Ableitungen aufgezeichnet. Bei den meisten Apparaturen, wie Siemens, Hellige (Freiburg), Karajan (Wien) wird das Umschalten von einer Ableitung auf die andere auf dem Schalttisch vorgenommen, wenn nicht alle Ableitungen gleichzeitig geschrieben werden. In beiden Fällen ist es notwendig, daß die Kabel richtig angelegt werden. Sie sind daher entsprechend gekennzeichnet, nämlich

das r o t e Kabel an den r e c h t e n Arm,

das g e l b e Kabel an den l i n k e n Arm,

das g r ü n e Kabel an das linke B e i n.

Die **praecordialen Ableitungen** schreibt man auf Ableitung I mit dem roten und dem gelben Kabel, wobei das g e l b e mit einer Spezialelektrode an die Brustwand über dem Herzen und das r o t e Kabel am linken Bein befestigt werden. Häufig wird nur eine praecordiale Ableitung als Ableitung IV geschrieben, die Elektrode wird an die Stelle der Herzspitze gelegt. Zwei weitere praecordiale Ableitungen werden links und rechts des Sternums abgenommen.

Nach dem Einschalten der Apparatur werden zunächst Akku- (Lichtpunkt) und Anodenbatteriespannungen (Verstärker) geprüft, die beide ihre vorgeschriebene Höhe haben müssen. Als nächstes ist der Lichtpunkt auf der Mattscheibe einzustellen und dann die gewünschte Ableitung. Darnach wird langsam die Verstärkung einreguliert so weit, bis der pulsierende Lichtpunkt die auf der Mattscheibe angezeichneten Grenzen erreicht, sie aber niemals überschreitet. Sobald der Herzschlag völlig ruhig und gleichmäßig ist, wird die Aufnahme geschrieben, und zwar genügen bei normalem Filmablauf etwa 25 cm. Nach beendeter Aufnahme wird der Hauptschalter auf **„aus"** gestellt und alle Einstellungen zurückgeschaltet. Für die nächste Ableitung wird die Einstellung von vorn begonnen. Zu beachten ist, daß alle Ableitungen mit der gleichen Verstärkung geschrieben werden müssen. Eine Eichung — während der Aufnahme oder anschließend — gibt die benutzte Verstärkung an.

Bei der außerordentlichen Empfindlichkeit eines Elektrokardiographen gegen elektrische Einflüsse jeder Art, ist es, um einwandfreie Kurven zu erhalten, notwendig, die Aufnahmen in einem abgeschirmten Raum, dem sogenannten **Faradayschen Käfig,** vorzunehmen. Wo ein solcher nicht vorhanden ist, hilft man sich durch Abschalten des elektrischen Stromes während der Aufnahme in den Leitungen des Aufnahmeraumes (Zentrale ausschalten!).

Das Elektrokardiogramm setzt sich aus ganz charakteristischen biphasischen Schwankungen zusammen. Normalerweise zeigt das Ekg. eine Reihe von Zacken und Strecken, die mit den Buchstaben P bis U gekennzeichnet werden. Man unterscheidet eine Vorhofszacke P, einen Ventrikelkomplex QRS und eine Nachschwankung T.

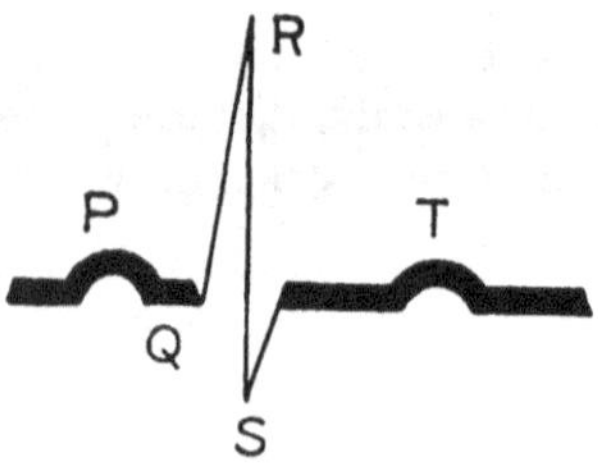

Abb. 90
Grundschema einer Herzaktionskurve

Zu jeder Aufnahme eines Ekg's gehört eine Zeitschreibung, um die Ablaufszeiten der einzelnen Zacken und Rhythmen beurteilen zu können. Dauer und Abstände der Zacken werden in Sekunden gemessen. Deshalb ist auf jedem Papier entweder durchgehend oder nur auf dem Rand eine Zeitschreibung aufgezeichnet. Die Bewegungsgeschwindigkeit des Papierbandes beträgt allgemein üblich 40 mm/sec. Es ist stets darauf zu achten, daß das Uhrwerk aufgezogen ist, um ein Stehenbleiben des Filmes während der Aufnahme zu vermeiden. Bei großen Apparaturen kann der Bewegungsablauf des Filmes reguliert werden, d. h. es ist möglich, Zeitlupen oder Zeitrafferaufnahmen zu machen mit einer Ablaufgeschwindigkeit von 100 mm/sec bzw. 15 mm/sec. Außerdem sind sie meist darauf eingerichtet, Herztonkurven aufzunehmen, häufig auch noch die Pulse (Hellige).

Die Auswertung eines fertigen, entwickelten und getrockneten Ekg.-Bildstreifens ist ausschließlich Sache des Arztes. Es gehören dazu die genaue Ausmessung der Höhe der Zacken, ihre Abstände voneinander, ihre Ausschlagsrichtungen in den einzelnen Ableitungen usw. Die Gesamtbewertung umfaßt folgende Merkmale:

1. Herzrhythmus,
2. Herzfrequenz,
3. Form der P-Zacken in allen Ableitungen,
4. Länge der Überleitungszeit = die Zeit vom Beginn von P bis zum Beginn von Q bzw. R,
5. Art der Zacken des Ventrikelkomplexes QRS in allen Ableitungen,
6. die besondere Form der Zacken,
7. das Zwischenstück von S bis zum Beginn des Anstieges der T-Zacke,
8. die T-Zacke,
9. Verlauf der elektrischen Herzachse.

2. Kreislaufbestimmung

Die Kreislaufuntersuchung besteht aus einer Reihe von Einzelfunktionsprüfungen, die erst zusammen einen Überblick über die Leistungsfähigkeit des Kreislaufs ergeben. Es gehören z. B. dazu: Blutdruckmessung und Pulsprüfung in Ruhe und nach Arbeitsleistung (Kniebeugen, Treppensteigen) sowie Aufnahme eines Ekg.s in Ruhe und nach Belastung, bzw. mehrfache Aufnahmen, die aber zwecks Dehnung der Kurven zur feineren Auswertung mit Schnellaufkassette (auswechselbar am Einkoffergerät) oder mit Zeitlupeneinstellung geschrieben werden.

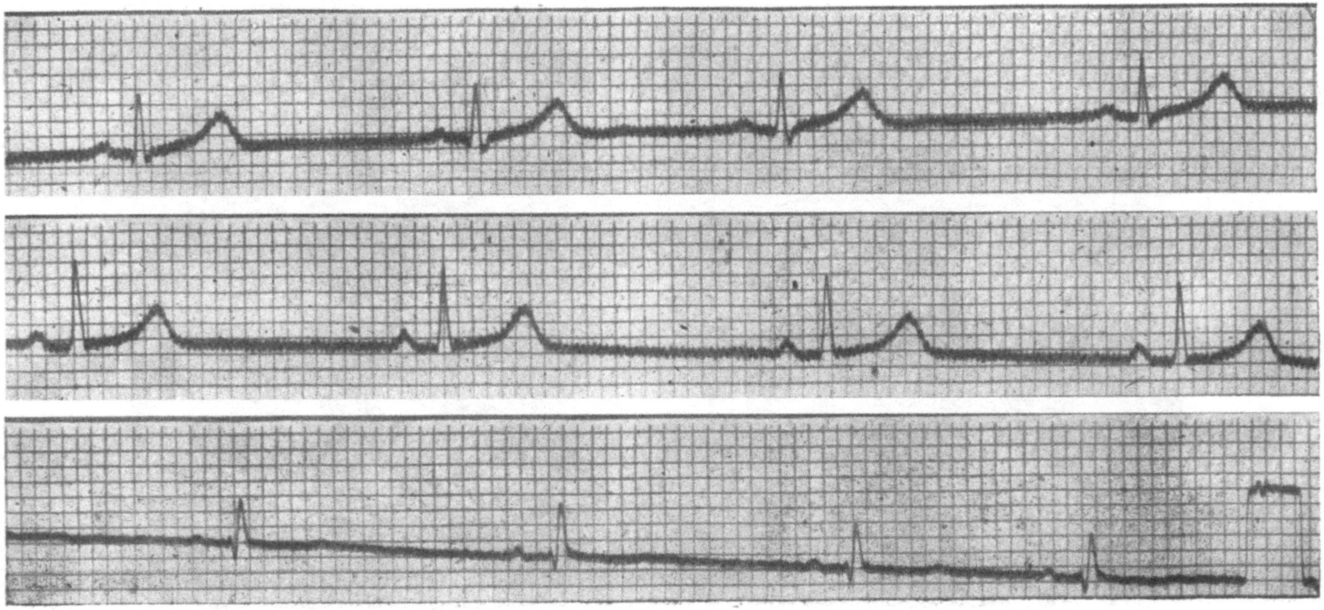

Abb. 91. Normales Ekg. 3 Ableitungen nacheinander geschrieben mit Eichzacke

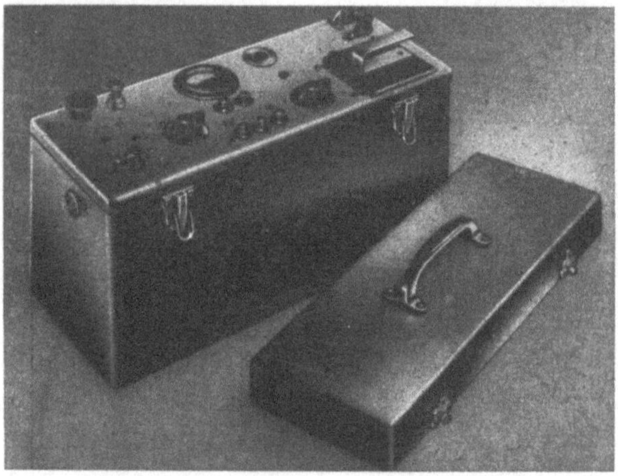

Abb. 92. Siemens Elektrokardiograph

Abb. 93. Der Apparat geöffnet

Abb. 94. Die Filmkassetten

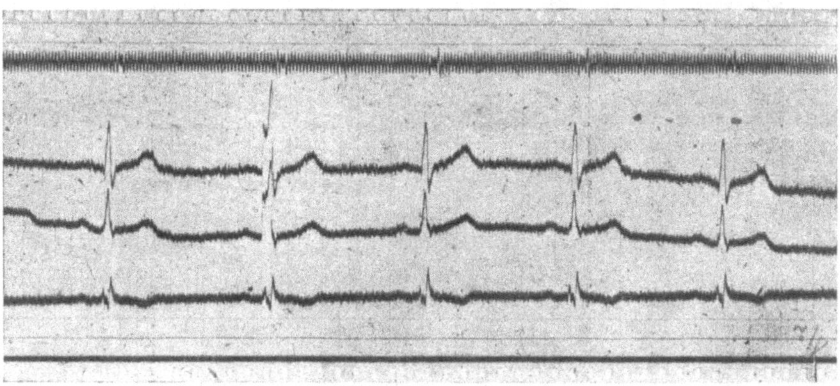

Abb. 95. Normales Ekg mit Herztonkurve

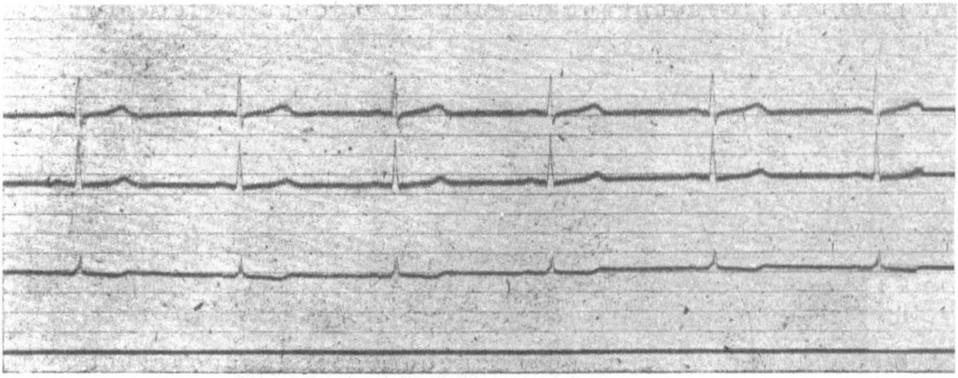

Abb. 96
Normales Egk mit gleichzeitig geschriebenen Ableitungen und drei praecordialen Ableitungen

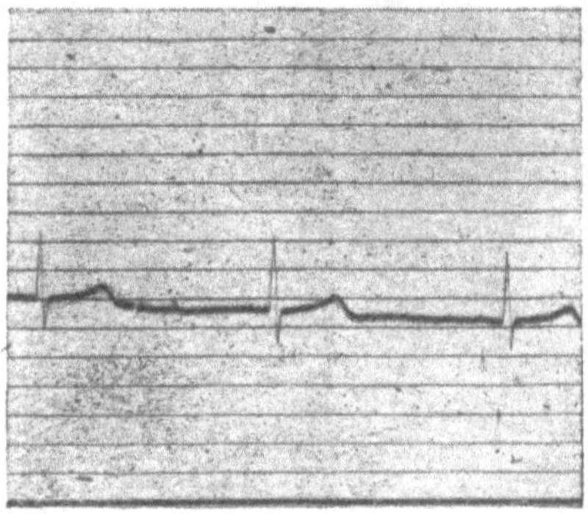

Abb. 96a. Von der Herzspitze

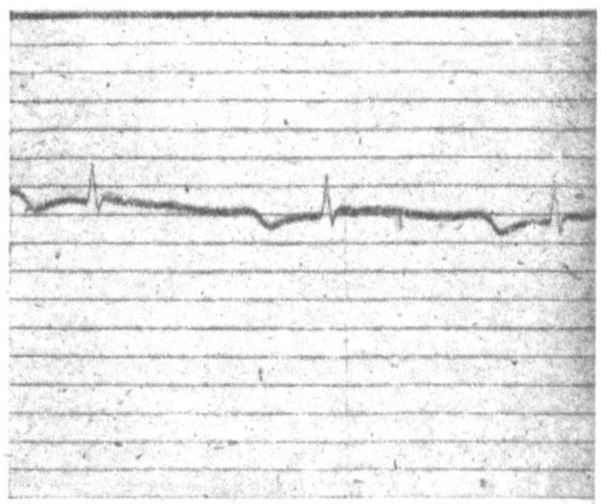

Abb. 96b. Links vom Sternum

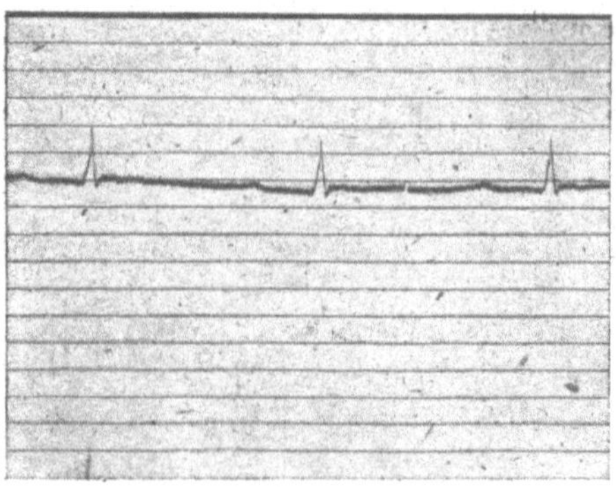

Abb. 96c. Rechts vom Sternum

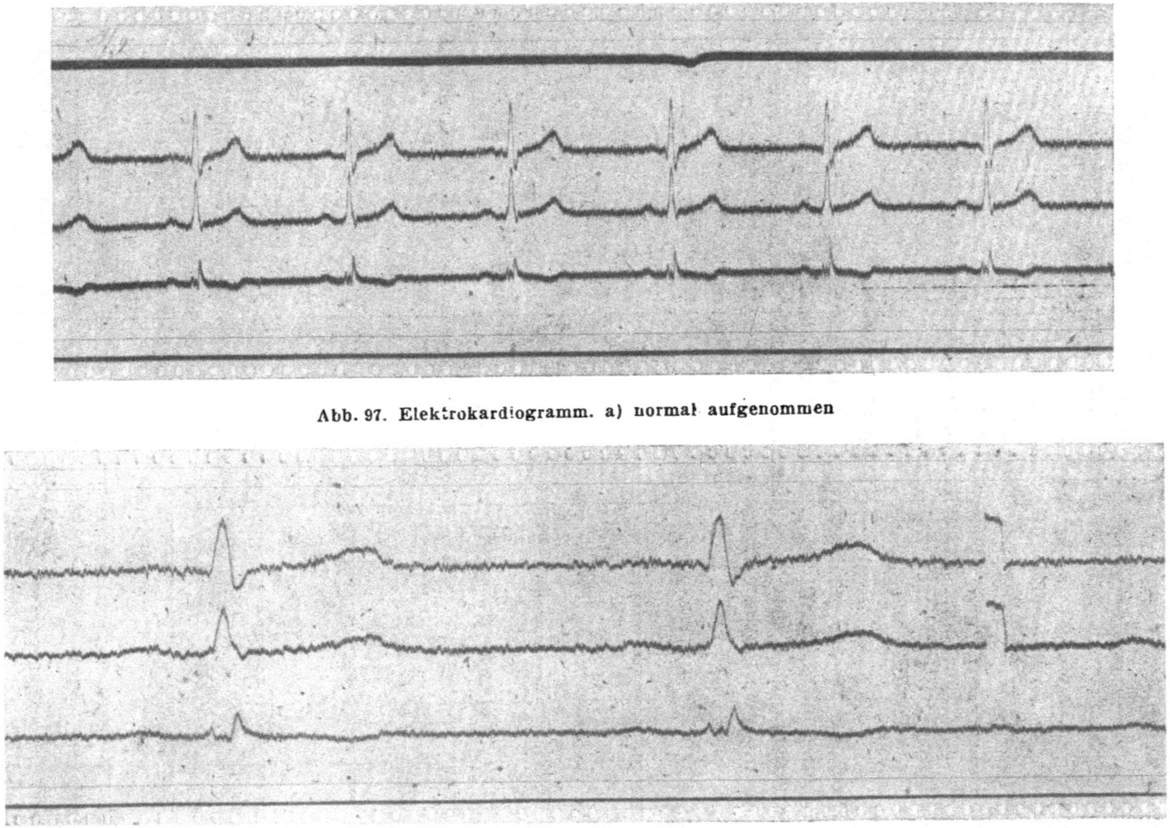

Abb. 97. Elektrokardiogramm. a) normal aufgenommen

b) mit Schnellaufkassette geschrieben

Die Kreislaufuntersuchung und ihre Auswertung sind ausschließlich ärztliche Maßnahmen. Im Rahmen dieser Untersuchung werden Elektrokardiogramme genau nach den ärztlichen Prüfungsvorschriften ausgeführt. Zur Aufnahme von Belastungs-Ekg.s werden während der Belastungsprobe die Elektroden lediglich abgekabelt, nicht abgewickelt, es würde sonst zu viel Zeit zwischen Belastung und Aufnahme verloren gehen. Zur praecordialen Ableitung verwendet man am besten Saugelektroden. Die Zeitdauer der Belastung (z. B. Treppensteigen) ist mit einer Sekundenuhr zu messen. Die Aufnahme des Ekg.s muß sich daran unmittelbar anschließen und wird unter Verwendung einer Schnellaufkassette geschrieben. Weitere Aufnahmen folgen evtl. in kurzen Zeitabständen (Minuten) bis zum Ruhewert.

3. Elektrenkephalographie

Die Tatsache, daß man auch von der Großhirnrinde in Ruhe sowohl wie bei Reizung mit feinsten Meßgeräten Ströme ableiten kann, ist schon seit 1874 bekannt. Doch erst in letzter Zeit hat sich die Aufnahme von Encephalogrammen zu einem diagnostischen Hilfsmittel entwickelt, denn nur durch die Entwicklung und Verfeinerung der Meßmethoden konnten diese Beobachtungen praktisch nutzbar gemacht werden.

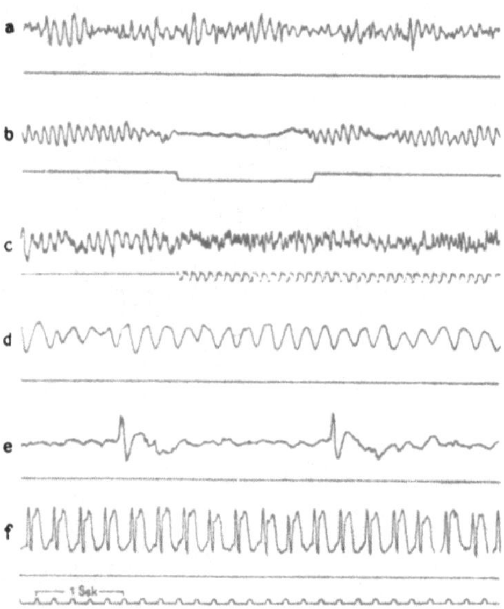

Abb. 98. Enzephalogramme

a) normale und Wellen (große und kleine Schwankungen)
b) Beeinflussung durch Augenöffnen
c) Aktionsströme auf Sinnesreize
d) Abnorm träge Potentialschwankung eines Hirnkranken
e) Krampfströme bei Epilepsie
f) Krampfströme während eines Anfalles

Mit sehr feinflächigen Elektroden lassen sich, besonders mit unipolaren Ableitungen, bioelektrische Spannungsschwankungen der einzelnen Teile des Zentralnervensystems nachweisen, und darüber hinaus die einzelnen Rindenfelder gegeneinander abgrenzen. Alle Teile der „grauen Substanz" zeigen unabhängig vom Zustand des Patienten regelmäßige Spannungsschwankungen, die **Zentrenschwankungen** genannt werden. Durch Sinnesreize verschiedener Art lassen sich spezifische Reaktionen beobachten, wodurch man experimentell Rindenfelder bestimmen kann.

Es ist gelungen, corticale Prozesse mit Hilfe der Analyse der Spannungsschwankungen durch lokale Abweichungen zu differenzieren. Man kann vermehrte oder verminderte Spannungsproduktion ziemlich genau abgrenzen, die Tumoren oder Erweichungen der Hirnrinde entsprechen. Auch bei epileptischen Erkrankungen ergeben sich typische Kurven, so daß die Elektrenkephalographie auch hier wichtige diagnostische Bedeutung hat.

Da die entstehenden bioelektrischen Spannungen äußerst klein sind, müssen sie, um auswertbar zu sein, um das 100 000- bis 1 000 000fache verstärkt werden, wobei jede Fremdstörung zu vermeiden ist. Ein Enzephalograph entspricht im Prinzip dem Elektrokardiographen, doch enthält er eine besondere Verstärkerkonstruktion, die auch die elektrischen Störungen ausschaltet Der Oscillograph arbeitet mit Tintenschreibesystemen, da es diagnostisch notwendig ist, lange Kurven aufzunehmen. Der Papiertransport ist regulierbar von 1 bis 20 cm pro Sekunde. Der große Enzephalograph der Firma Hellige & Co. hat drei gleichzeitig arbeitende Schreibsysteme für drei Ableitungen und außerdem je ein System für die Zeitschreibung und für die Reizmarkierung.

Als Elektroden werden überzogene Knopfelektroden benutzt, die mit konzentrierter Kochsalzlösung getränkt sind, und mit Hilfe elastischer Federn leicht der Kopfhaut angedrückt werden.

4. Elektrodiagnostik

Zur Elektrodiagnostik rechnen alle elektrischen Untersuchungsmethoden am lebenden Organismus zur Feststellung pathologischer Reaktionen. Vor allem handelt es sich um die elektrische Reizung von motorischen Nerven und Muskeln, d. h. Funktionsprüfungen von Nervenbahnen und Muskelreaktionen. Ein Muskel ist auf direktem und indirektem Wege zu reizen; die direkte Reizung erfordert eine genaue Kenntnis der Topographie der einzelnen Reizpunkte und kann nur durch den Arzt ausgeführt werden. Zur Prüfung wird sowohl galvanischer wie faradischer Strom benutzt oder besondere Stromformen.

Die Prüfung der Nerven mit elektrischem Strom beruht auf der Beobachtung, daß die elektrische Reizbarkeit der natürlichen Reizbarkeit entspricht. Die Reizbarkeit eines Nerven sinkt aber bei Erkrankung stark ab. Heilungsaussichten bestehen nur, wenn der Nerv elektrisch noch reizbar ist. Die Messung der Reizbarkeit ist zur Beurteilung der Heilerfolge notwendig. Sie ist jedoch äußerst schwierig, da der Reizstrom stark veränderlich ist, bedingt durch Größe und Lage der Elektroden, durch Druck, Hautdurchfeuchtung usw.

Damit ein Reiz unmittelbar auf einen motorischen Nerven eine Muskelkontraktion auslöst, muß ein Mindestwert der Stromstärke, der **Schwellenwert** überschritten werden. Ein Strom bestimmter Stärke braucht eine Mindestzeitdauer, um einen Reiz auszulösen, die **Nutzzeit.** Physikalisch ist die Nutzzeit die Membranladezeit der Nervenfasern bei kleinstmöglicher Stromstärke, aber ein Zeitwert, der infolge der flachen Anstiegskurve nicht genau meßbar ist. Gut läßt sich der Schwellenwert des Dauerreizstroms feststellen, **die Rheobase**, dagegen schwer der Zeitpunkt, an dem der Schwellenwert erreicht wird. Ein französischer Forscher, Lapicque,

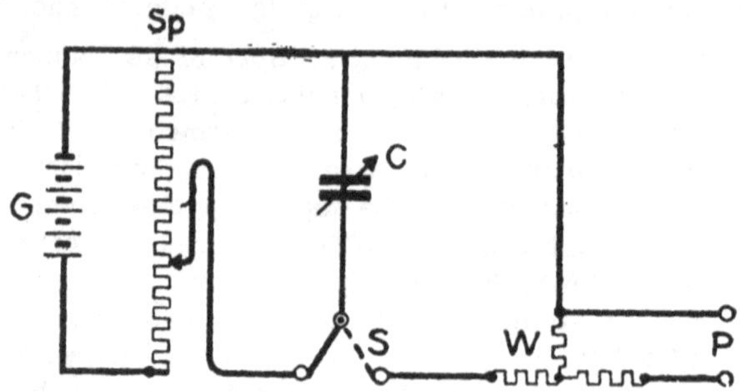

Abb. 99. Prinzipschaffung einer Chronaxie-Meßeinrichtung

G Gleichspannungsquelle
Sp Spannungsteiler
C Kondensator mit veränderlicher Kapazität
S Umschalter für Laden und Entladen
W Parallel- und Serienwiderstände im Patientenkreis
P Patientenanschlußklemmen

fand eine Möglichkeit, den Zeitwert bestimmbar zu machen, indem er die Reizzeit für den doppelten Wert der Stromstärke der Rheobase (z. B. statt 2 mA dann 4 mA) gemessen hat. **Dieser Zeitwert** wird als **Chronaxie** bezeichnet.

Die Chronaxie ist sehr genau meßbar und bei Behandlungskontrollen immer wieder nachprüfbar. Es müssen dazu nur jedesmal beide Werte: Rheobase und Chronaxie ohne Zwischenpause oder Lageveränderung der Elektroden festgestellt werden.

Weitere Forschungen haben ergeben, daß der Chronaxiewert eines Nerven ziemlich konstant bzw. spezifisch ist, und daß er sich bei Erkrankungen sehr stark, bis auf ein Vielfaches steigern kann.

Die Rheobase kann mit jedem Galvanisationsapparat ermittelt werden, sofern er genügend konstanten Gleichstrom liefert und dieser genauestens meßbar ist.

Zur Chronaxiemessung braucht man Gleichstromstöße, die bis $^1/_{1000}$ Sekunden genau eingestellt, gemessen und reproduziert werden können. Sowohl für die Untersuchung sensibler Nerven (Schmerzreaktion) wie motorischer Nerven (Bewegungsreaktion) sind gleichmäßige und verhältnismäßig lange Pausen zwischen den Stromstößen notwendig, weil sonst Summationswirkungen der Reizstromstöße auftreten.

Es wird galvanischer Strom benutzt, der in genügend kurzzeitige **rechteckige** Stromstöße zerhackt ist (Léducstrom). Die erzeugenden Unterbrecher bezeichnet man als Rheotome. Als bestes Verfahren hat sich bisher die Kondensatorentladungsmethode erwiesen.

Ein einfach und leicht zu bedienendes Gerät ist der Siemens-Chronaximeter. Außer der Pflege von Elektroden und Gerät ist die Ausführung solcher Messungen Sache des Arztes.

5. Grundumsatzbestimmung

Der „Grundumsatz" ist der Energieumsatz, der notwendig ist, um bei Ruhe aller Organe — einschließlich der Muskeln und des Magens — das Leben aufrechtzuerhalten, oder: die Summe der Verbrennungen im ruhenden, nüchternen Menschen. Die Bestimmung dieses Grundumsatzes ist möglich

1. direkt durch Messung der gebildeten Kalorien
2. indirekt durch Berechnung aus Sauerstoffverbrauch und CO_2-Ausscheidung.

Der **respiratorische Grundumsatz** beruht auf der Bestimmung der verbrauchten Sauerstoffmenge. Um aus dem Sauerstoffverbrauch auf den Umsatz schließen zu können, muß man den spezifischen Verbrennungswert des Sauerstoffs im Grundumsatzversuch kennen, was nur möglich ist bei einheitlichen Grundnährstoffen. Der Patient muß daher zwei Tage lang durch eine eiweißarme, vegetarische Kost zur Untersuchung vorbereitet werden. Das Verhältnis von gebildetem Kohlendioxyd zum notwendigen Sauerstoff ist **nur** bei der Verbrennung von Kohlehydraten = 1; d. h. **der Respiratorische Quotient** ist bei der menschlichen Ernährung nicht einheitlich. Durch die vorbereitende Diät liegt der respiratorische Quotient zwischen 0,8 und 0,9, dabei entspricht der Wert des verbrannten Sauerstoffes 4,8 bis 4,86 Kalorien.

Die Apparate zur Grundumsatzbestimmung bestehen im Prinzip aus einem Spirometer, der mit Sauerstoff gefüllt wird und einem Atemsystem, an welches der Patient angeschlossen wird. Er atmet im Versuch den Sauer-

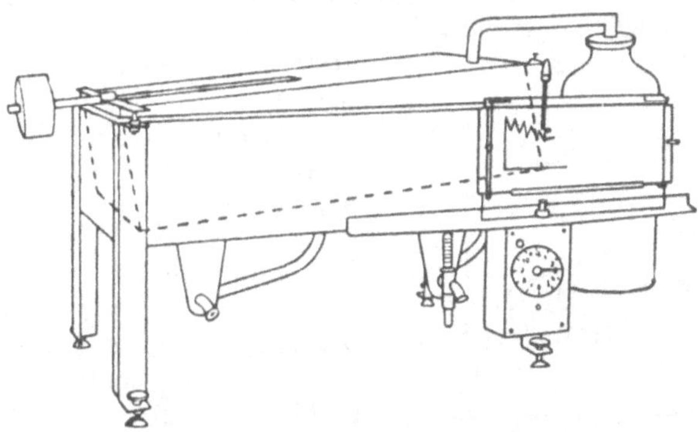

Abb. 100. Grundumsatzgerät nach Krogh-Kowarski

stoff aus dem Spirometer ein und die Ausatmungsluft wird in ein Kohlensäure-Absorptionsgefäß geleitet. Die Atemzüge werden mittels einer Registriervorrichtung mit einem Tintenschreiber in Form von Kurven auf einem sich bewegenden Papierstreifen aufgezeichnet.

Die bekanntesten Apparaturen sind das große Gerät nach Knipping und der einfachere Apparat nach Krogh, modifiziert von Kowarski.

Der „Knipping" arbeitet sehr exakt, für Forschungszwecke geeignet, ist in großen Krankenhäusern und Kliniken in Gebrauch. Er hat ein geschlossenes Atemsystem, die Expirationsluft wird in ein CO_2-Absorptionsgefäß gepumpt, wo die Kohlensäure resorbiert und gemessen wird. Der Sauerstoffverbrauch wird auf einer Trommel aufgeschrieben.

Der „Krogh" ist eine handlichere Apparatur und heute sehr viel in Gebrauch. Er besteht aus einem Kastenspirometer und einem Absorptionsgefäß für die Kohlensäure, das mit Natronkalk gefüllt ist. Der Patient wird an das Atemsystem angeschlossen durch Leitungsschläuche mit einem Dreiwegehahn. Ein Uhrwerk reguliert die Bewegung des Kurvenblattes, auf dem die Atemkurve und eine Zeitkurve registriert werden.

Ausführung des Versuches: Nach zweitägiger strenger Diät muß der Patient am Untersuchungstage völlig nüchtern sein, die letzte Mahlzeit soll mindestens 12 Stunden vorher eingenommen worden sein. Vor Beginn des eigentlichen Versuches muß der Patient mindestens eine Stunde in dem störungsfreien Untersuchungsraum auf einem Ruhebett möglichst bewegungslos (ohne Unterhaltung!) ausruhen, sich gänzlich entspannen. Der Patient wird dann mittels eines Mundstückes an das Atemsystem angeschlossen und muß nun gleichmäßig und ruhig durch den Mund atmen. Währenddessen wird bei der Kroghapparatur die Spirometerglocke in die tiefste Stellung gebracht, die Schreibfeder mit Tinte gefüllt, und die Nulllinie gezogen. Darauf wird der Spirometer aus der Sauerstoffbombe gefüllt, bis der Schreibstift etwa 1 cm unter dem oberen Trommelrand steht. Sobald nun die Atmung des Patienten einwandfrei ruhig verläuft, wird die Nasenklemme aufgesetzt, damit die Zufuhr der Außenluft abgeschnitten, und der Patient atmet nun den reinen Sauerstoff ein. Nach etwa 3 bis 4 Minuten, sobald die Atmung wieder gleichmäßig geworden ist, beginnt der Versuch durch Einschalten des Uhrwerks. Der Versuch läuft 7 bis 10 Minuten; er muß eine völlig gleichmäßige Atemkurve ergeben, andernfalls muß er wiederholt werden.

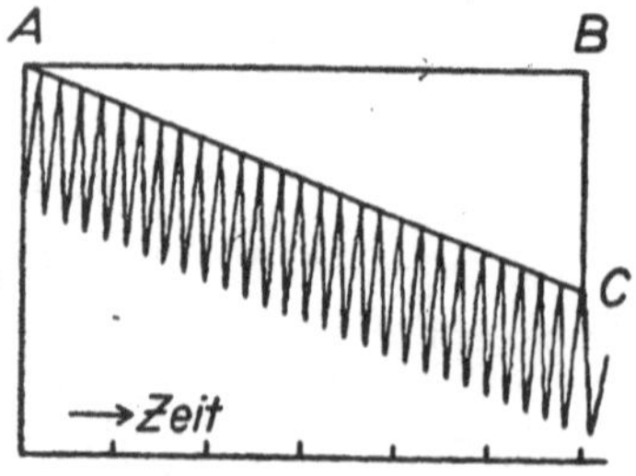

Abb. 101
Schema einer Atemkurve

Auswertung: Nach Trocknung der Tinte wird die Kurve abgenommen und die Expirationspunkte am Anfang und Ende der Kurve durch eine Lineallinie verbunden. Krumme Kurven sind absolut unbrauchbar! Vom Ausgangspunkt A wird eine Parallele zur Grundlinie gezogen und auf dem Endpunkt C die Höhe errichtet. Der Schnittpunkt beider Linien B bildet den rechten Winkel des rechtwinkligen Dreiecks ABC, dessen kürzere Kathete BC den Sauerstoffverbrauch direkt in Liter anzeigt. AB entspricht der Versuchsdauer.

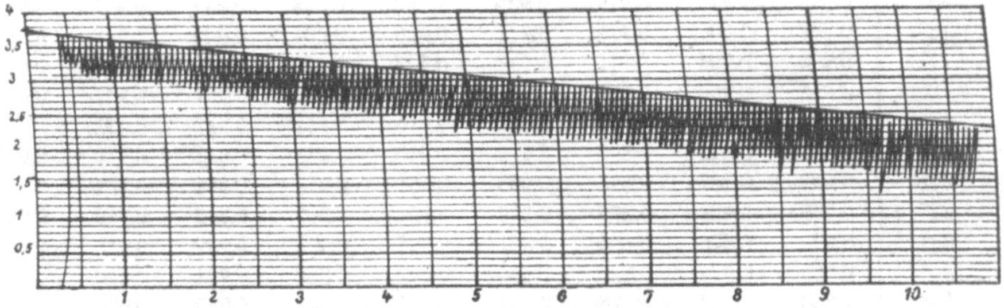

Abb. 102. Originalkurve eines Krogh-Apparates

Da jedem Lebensalter, jeder Größe und jedem Gewicht bei Männern und Frauen ein „Sollumsatz" entspricht, muß der Patient vor Beginn des Versuches genau gewogen und gemessen werden, Alter (Jahr und Monate) und Geschlecht werden notiert und aus diesen Angaben der Sollumsatz errechnet. Am besten bedient man sich dazu der Zahlentafeln nach Harris-Benedict-Kestner und Knipping (siehe Anhang).

Nachdem aus dem Faktor für das Körpergewicht und dem Faktor für Alter und Größe durch Addition der Sollumsatz ermittelt ist, wird der aus dem Versuch sich ergebende tatsächliche Umsatz zu ihm in Beziehung gesetzt und die Differenz in Prozenten angegeben.

Sollumsatz Beispiel:

Name: Willi Sauer		
Gewicht: 73,2 kg	— Faktor Tab. A I	1076
Größe: 181 cm	— Faktor Tab. A II	689
Alter: 32 Jahre	Sollumsatz	1765

Berechnung des Umsatzversuches: Es soll der Kalorienwert für 1 qm Körperfläche berechnet werden. Für den respiratorischen Quotienten = R. Q. (Verhältnis der CO_2-Abgabe zum Sauerstoffverbrauch) muß bei der Reduktion Temperatur und Barometerstand berücksichtigt werden. Man kann einfachheitshalber einen Reduktionsmittelwert von 0,85 einsetzen; er entspricht ungefähr unserer normalen Zimmertemperatur und den häufigsten Drucken. Es empfiehlt sich jedoch, den Reduktionswert stets genau zu bestimmen. Dazu wird der Sauerstoffverbrauch in Kubikzentimeter pro Minute ermittelt und mit dem Reduktionsfaktor multipliziert, man erhält dann das reduzierte Sauerstoffvolumen pro Minute.

Reduktionsfaktor zur Reduktion eines mit Wasserdampf gesättigten Volumens auf 0° C, Trockenheit und 760 mm Hg.

mm Druck / Temperatur °C	741	745	750	755	760	765	770	775	780
10,1°	0.928	0.933	0.940	0.946	0.953	0.959	0.965	0.972	0.978
15°	0.908	0.913	0.919	0.926	0.932	0.938	0.944	0.951	0.957
16°	0.904	0.909	0.915	0.921	0.928	0.934	0.940	0.946	0.952
17°	0.900	0.905	0.911	0.917	0.923	0.929	0.936	0.942	0.948
18°	0.895	0.900	0.907	0.913	0.919	0.925	0.931	0.937	0.944
19°	0.891	0.896	0.902	0.908	0.915	0.921	0.927	0.933	0.939
20°	0.887	0.892	0.898	0.904	0.910	0.916	0.922	0.929	0.935
21°	0.882	0.887	0.893	0.900	0.906	0.912	0.918	0.924	0.930
22°	0.878	0.883	0.889	0.895	0.901	0.907	0.913	0.919	0.925
23°	0.874	0.878	0.884	0.891	0.897	0.903	0.909	0.915	0.921
24°	0.869	0.874	0.880	0.886	0.892	0.898	0.904	0.910	0.916
25°	0.864	0.869	0.875	0.881	0.887	0.893	0.899	0.905	0.911

Der Wert des reduzierten Sauerstoffvolumens wird nun multipliziert mit dem **Faktor f** und ergibt den Gundumsatz in 24 Stunden. Faktor f wird errechnet aus dem R. Q. × 1,3 + 6.

Beispiel: Temperatur: 20° C.
Barometerstand: 766 mm Hg } Reduktionsfaktor: 0,917

Sauerstoffverbrauch pro Minute: 354 ccm
Reduktionsfaktor: 0,917
reduziertes Sauerstoffvolumen 325 ccm
multipliziert mit Faktor f = R. Q. = 0,85 × 1,3 + 6 : = 7,1
325 × 7,1 = **2300 Grundumsatzwert in 24 Stunden.**

Ergebnis: Sollumsatz . . . 1765
Grundumsatz . 2300
Differenz . . . . 535 = prozentuale Abweichung + 30%.

Eine **einfachere Berechnung** geht von den gebildeten Wärmekalorien aus. Bei einem R.Q. von 0,85 bildet 1 cm³ Sauerstoff bei der Verbrennung von Fett und Kohlehydraten etwa 4,8 kl. cal.

Man multipliziert den Sauerstoffverbrauch pro Minute (abgelesene Liter-Zahl : Versuchsdauer) mit dem Reduktionsmittelwert 0,9, bezogen auf eine Stunde = multipliziert mit 60 × 4,8. Es ergibt sich der Kalorienwert pro Stunde.

Beispiel: 60 × 0,9 × 4,8 = 259,2.

Sauerstoffverbrauch pro Minute = 354 ccm × 259,2 = 91,76 cal/Std. Die erhaltene Zahl wird dividiert durch die Oberfläche des Patienten, die sich ergibt aus Größe und Gewicht, abzulesen an der graphischen Tabelle I von Du Bois, Boothly und Sandiford auf Leiste IV.

Tabelle I nach Du Bois

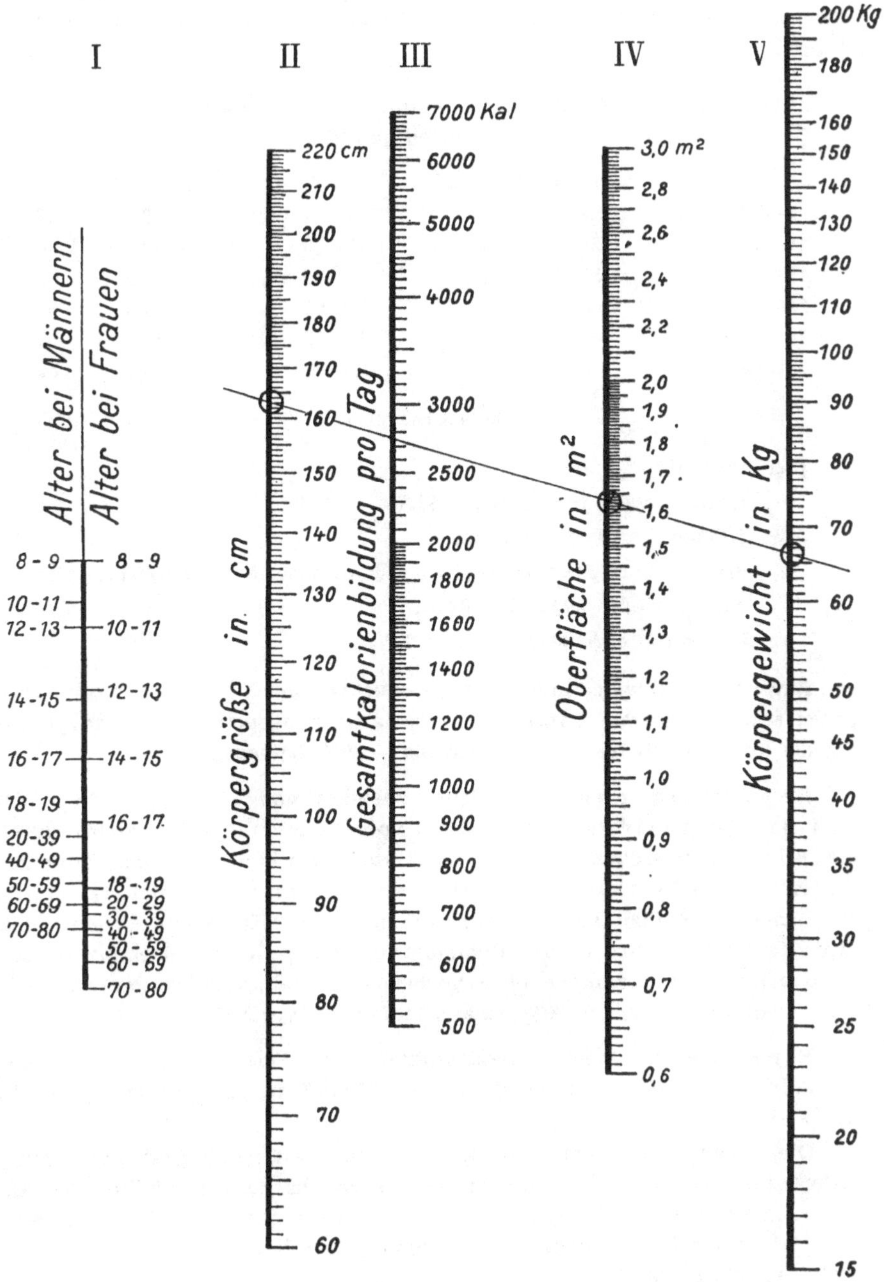

Der gefundene Wert wird in Beziehung gesetzt zur Norm entsprechend Alter und Geschlecht, abzulesen auf Tabelle II und die Abweichungen in Prozenten ausgedrückt.

Pro Quadratmeter Körperoberfläche und pro Stunde werden in der Norm an Kalorien gebildet:

Alter	Männer	Frauen	Alter	Männer	Frauen
3— 9 Jahre	54	54	20—29 Jahre	39,5	37
10—11 „	51,5	50	30—39 „	39,5	36
12—13 „	50	46,5	40—49 „	38,5	36
14—15 „	46	43	50—59 „	37,5	35
16—17 „	43	40	60—69 „	36,5	34
18—19 „	41	38	70—80 „	35,5	33

Tabelle II nach Du Bois

Beispiel: Patient wie oben

Kalorienwert pro Stunde: 91,76 kl. Kal.

Körperoberfläche: 1,80 qm

ergibt einen Stundenwert pro Quadratmeter von 50,9 Kalorien.

Normalwert: 39,5 Kal/Std./m²

Prozentuale Abweichung: + 29%.

Bewertung: Abweichungen vom Sollumsatz von 10% nach oben oder nach unten sind als normal anzusehen, erst darüberliegende Werte sind pathologisch und können bis + 150% und bis — 30% betragen.

Eine Steigerung des Grundumsatzes von 30% bis 150% findet man bei Hyperthyreotoxikosen. Die Hypersekretion des Thyroxins durch die Schilddrüse bedingt erhöhten Sauerstoffverbrauch, weil das Thyroxin die Zelloxydation reguliert. Durch die Grundumsatzbestimmung ist die Möglichkeit zur Frühdiagnose der Basedowschen Krankheit gegeben und ihre Kontrolle während der Behandlung. Auch Schilddrüsenoperationen werden nicht vorgenommen ohne vorherige Grundumsatzbestimmung, weil nur Erhöhungen bis zu 30% relativ gefahrlos verlaufen.

Eine Senkung des Grundumsatzes bis zu 50% findet man bei Hypofunktion der Schilddrüse; Diagnose des Myxödems: Herabsetzung um 20 bis 30%.

Die Diagnose der Fettsucht kann durch die Grundumsatzbestimmung differenziert werden: Überernährungsfettsucht hat einen erhöhten Gr. U.; myxödematöse Fettsucht wird durch einen herabgesetzten Gr. U. gekennzeichnet; ovarielle, testogene oder hypophysäre Fettsucht hat einen normalen Grundumsatz.

Beispiel eines Untersuchungsprotokolls

Gasstoffwechseluntersuchungs-Protokoll Nr. 332

(Methode Knipping)

Datum der Untersuchung: 20. 12. 39 **Kontr.-Nr.:** **Versuch ausgeführt von:** Frau Montwill

Name und Vorname: Sauer, Karl Willi

Adresse: Station IV B

Körpergewicht: 73,2 kg	entspr. Wert aus Tabelle A . . . . =	1076	(1)
Körperlänge: 181 cm, **Alter:** 32 J.	+ entspr. Wert aus Tabelle B . =	689	(2)
	= Grundumsatz-Sollwert . . . . =	1765 Cal.	(3)

Puls pro min.: Letzte Mahlzeit eingenommen vor . . . Std.

Atmung pro min.: Völlige Körperruhe seit . . . .

Barometerstand: 766 mm Hg **Reduktionsfaktor** aus Tabelle C = 0.917 (4)

Raumtemperatur: 20° C zur Umrechnung auf 0° C und 760 mm Hg

CO_2-Gehalt der verwendeten Kalilauge (reduziert) . . . . . 0.72 Lit. (5)

Ergebnis des 10-Minuten-Versuches:

1. Bestimmung des O_2-Verbrauches

Von:	Spirometerstand am Anfang des Versuches . =	6.14 Lit.	(6)
abgezogen:	Spirometerstand am Ende des Versuches . =	2.60 Lit.	(7)
ergibt Diff.:	Verbrauchtes O_2-Volumen (unreduziert) . . =	3.54 Lit.	(8)
multipl. mit:	Reduktionsfaktor, wie unter (4) bestimmt . =	0.917	(4)
ergibt Prod.:	Verbrauchtes O_2-Volumen (reduziert) . . . . =	3.25 Lit.	(9)

2. Bestimmung der CO_2-Bildung

Von:	Spirometerstand nach H_2SO_4-Zusatz . . =	7.08 Lit.	(10)
abgezogen:	Spirometerstand vor H_2SO_4-Zusatz . =	2.60 Lit.	(7)
ergibt Diff.:	Gemessenes CO_2-Volumen, brutto (unreduziert) =	4.48 Lit.	(11)
multipl. mit:	Reduktionsfaktor, wie unter (4) bestimmt . =	0.917	(4)
ergibt Prod.:	Ausgeatmetes CO_2-Volumen, brutto (reduziert) =	4.11 Lit.	(12)
abgezogen	CO_2-Gehalt von 75 ccm Kalilauge, Wert (5) .	0.72 Lit.	(5)
ergibt Diff.:	Ausgeatmetes CO_2-Volumen, netto (reduziert) =	3,39 Lit.	(13)

3. Berechnung des Respiratorischen Quotienten R. Q.

	Ausgeatmetes CO_2-Volumen, siehe Wert (13) . =	3.39 Lit.	(13)
divid. durch	Verbrauchtes O_2-Volumen, siehe (9) . . . . =	3.25 Lit.	(9)
ergibt Quot.:	Respirat. Quotient R. Q. . . . . =	1.04	(14)

4. Berechnung des Grundumsatzes G. U.

Zu obigem R. Q. liefert das Diagr. D den Faktor 710 (15)

	Verbrauchtes O_2-Volumen, siehe (9) . . . . =	3.25 Lit.	(9)
multipl. mit	Faktor aus Diagramm D, siehe (15) . . . . . . =	710	(15)
ergibt Prod.:	Grundumsatz G. U. des Patienten	2300 Cal.	(16)

5. Berechnung der pathologischen Abweichung des Grundumsatzes

	Grundumsatz-Meßwert, siehe (16)	2300
divid. durch:	Grundumsatz-Sollwert, siehe (3)	1765
ergibt:	Verhältniszahl 1,30 (auf 2 Dezimalen berechnet) (17)	

Eintragung, wenn (17) größer als 1,00:	1,	30	
	1,	00	= normal
Eintragung, wenn (17) kleiner als 1,00:			
Differenz der Stellen hinter dem Komma		30	= prozent

Abweichung des Grundumsatzes (18)

Grundumsatz gesteigert um + 30%
vermindert um %

Bemerkungen:

Tabellen über den Grundumsatz *)

A. Für Männer.
B. Für Frauen.
I. Faktor für das Körpergewicht.
II. Faktor für die Körperlänge und das Alter.

Man suche unter I. den Faktor für das Körpergewicht und addiere dazu den unter II. angegebenen Faktor für Länge und Alter. Die Summe ergibt den Grundumsatz, d. i. den Kalorienverbrauch pro Tag bei absoluter Bettruhe und Hunger.

Beispiel: Ein Mann von 74,5 kg Nacktgewicht hat den Faktor I = 1091 und bei einem Alter von 45 Jahren und einer Länge von 172 cm den Faktor II = 557, also zusammen Grundumsatz 1648 Kalorien.

(Nach Harris, Benedict, Kestner und Knipping)

NB! Der Grundumsatz in den Tropen ist um 15% kleiner als nachfolgend angegeben.

Steigerung des Grundumsatzes durch Nahrungszufuhr.

a) durch	reines Eiweiß	40 %	durch gemischte Kost um 14,4%.
b)	„ Rohrzucker	6 %	
c)	„ Fett	14,4%	

Voraussagetabellen für den normalen Grundumsatz männlicher Personen

Tabelle A I.
Faktor für das Körpergewicht ♂

	0,0	0,1	0,2	0,3	0,4	0,5	0,6	0,7	0,8	0,9
3	107	108	111	112	113	115	116	118	119	120
4	121	123	125	126	127	129	130	132	133	134
5	135	136	138	140	141	143	144	145	146	147
6	148	149	150	152	154	156	158	159	160	161
7	162	163	164	166	168	170	172	173	174	175
8	176	177	178	179	181	182	184	185	187	189
9	190	192	193	194	195	197	198	200	201	202
10	203	204	206	207	209	210	211	213	214	216
11	217	218	220	221	223	224	225	227	229	230
12	231	232	234	235	237	238	239	241	243	244
13	245	246	248	250	251	252	254	255	256	257
14	258	259	261	262	264	265	266	267	269	271
15	272	273	275	276	277	279	280	281	283	285
16	286	287	289	290	292	293	295	296	298	299
17	300	301	302	304	305	306	308	309	311	312
18	313	315	316	318	320	321	322	324	325	326
19	327	329	330	331	333	334	335	337	339	340
20	341	343	344	345	347	348	349	351	353	354
21	355	357	358	359	361	362	363	365	366	367
22	368	369	370	272	373	374	376	377	379	381

*) Entnommen aus H Schall, Nahrungsmitteltabellen, 14 Aufl 1942 mit freundlicher Genehmigung des Verlages Johann Ambrosius Barth, Leipzig

Tabelle A I (1. Fortsetzung). Faktor für das Körpergewicht ♂

kg	0,0	0,1	0,2	0,3	0,4	0,5	0,6	0,7	0,8	0,9
23	382	383	385	386	387	389	390	391	393	394
24	396	397	399	401	402	403	406	407	408	409
25	410	412	413	414	416	417	419	420	421	423
26	424	425	427	428	430	431	432	434	435	436
27	438	439	441	442	443	445	446	447	449	450
28	452	453	454	456	457	458	460	461	463	464
29	465	467	468	469	471	472	474	475	476	478
30	479	480	482	483	485	486	487	489	490	491
31	493	494	496	497	498	500	501	502	504	505
32	507	508	509	511	512	513	515	516	518	519
33	520	522	523	524	526	527	529	530	531	533
34	534	535	537	538	540	541	542	544	545	546
35	548	549	551	552	553	555	556	557	559	560
36	562	563	564	566	567	568	570	571	573	574
37	575	577	578	579	581	582	584	585	586	588
38	589	590	592	593	595	596	597	599	600	601
39	603	604	606	607	608	610	611	612	614	615
40	617	618	619	621	622	623	625	626	628	629
41	630	632	633	634	636	637	639	640	641	643
42	644	645	647	648	650	651	652	654	655	656
43	658	659	661	662	663	665	666	667	669	670
44	672	673	674	676	677	678	680	681	683	684
45	685	687	688	689	691	692	694	695	696	698
46	699	700	702	703	705	706	707	709	710	711
47	713	714	716	717	718	720	721	722	724	725
48	727	728	729	731	732	733	735	736	738	739
49	740	742	743	744	746	747	749	750	751	753
50	754	755	757	758	760	761	762	764	765	766
51	768	769	771	772	773	775	776	777	779	780
52	782	783	784	786	787	788	790	791	793	794
53	795	797	798	799	801	802	804	805	806	808
54	809	810	812	813	815	816	817	819	820	821
55	823	824	826	827	828	830	831	832	834	835
56	837	838	839	841	842	843	845	846	848	849
57	850	852	853	854	856	857	859	860	861	863
58	864	865	867	868	870	871	872	874	875	876
59	878	879	881	882	883	885	886	887	889	890
60	892	893	894	896	897	898	900	901	903	904
61	905	907	908	909	911	912	914	915	916	918
62	919	920	922	923	925	926	927	929	930	931
63	933	934	936	937	938	940	941	942	944	945
64	947	948	949	951	952	953	955	956	958	959
65	960	962	963	964	966	967	969	970	971	973

Tabelle A I (2 Fortsetzung) Faktor fur das Korpergewicht ♂

kg	0,0	0,1	0,2	0,3	0,4	0,5	0,6	0,7	0,8	0,9
66	974	975	977	978	980	981	982	984	985	986
67	988	989	991	992	993	995	996	997	999	1000
68	1002	1003	1004	1006	1007	1008	1010	1011	1013	1014
69	1015	1017	1018	1019	1021	1022	1024	1025	1026	1028
70	1029	1030	1032	1033	1035	1036	1037	1039	1040	1041
71	1043	1044	1046	1047	1048	1050	1051	1052	1054	1055
72	1057	1058	1059	1061	1062	1063	1065	1066	1068	1069
73	1070	1072	1073	1074	1076	1077	1079	1080	1081	1083
74	1084	1085	1087	1088	1090	1091	1092	1094	1095	1096
75	1098	1099	1101	1102	1103	1105	1106	1107	1109	1110
76	1112	1113	1114	1116	1117	1118	1120	1121	1123	1124
77	1125	1127	1128	1129	1131	1132	1134	1135	1136	1138
78	1139	1140	1142	1143	1145	1146	1147	1149	1150	1151
79	1153	1154	1156	1157	1158	1160	1161	1162	1164	1165
80	1167	1168	1169	1171	1172	1173	1175	1176	1178	1179
81	1180	1182	1183	1184	1186	1187	1189	1190	1191	1193
82	1194	1195	1197	1198	1200	1201	1202	1204	1205	1206
83	1208	1209	1211	1212	1213	1215	1216	1217	1219	1220
84	1222	1223	1224	1226	1227	1228	1230	1231	1233	1234
85	1235	1237	1238	1239	1241	1242	1244	1245	1246	1248
86	1249	1250	1252	1253	1255	1256	1257	1259	1260	1261
87	1263	1264	1266	1267	1268	1270	1271	1272	1274	1275
88	1277	1278	1279	1281	1282	1283	1285	1286	1288	1289
89	1290	1292	1293	1294	1296	1297	1299	1300	1301	1303
90	1304	1305	1307	1308	1310	1311	1312	1314	1315	1316
91	1318	1319	1321	1322	1323	1325	1326	1327	1329	1330
92	1332	1333	1334	1336	1337	1338	1340	1341	1343	1344
93	1345	1347	1348	1349	1351	1352	1354	1355	1356	1358
94	1359	1360	1362	1363	1365	1366	1367	1369	1370	1371
95	1373	1374	1376	1377	1378	1380	1381	1383	1384	1385
96	1387	1388	1389	1391	1392	1394	1395	1396	1398	1399
97	1400	1402	1403	1405	1406	1407	1409	1410	1411	1413
98	1414	1416	1417	1418	1420	1421	1422	1424	1425	1427
99	1428	1429	1431	1432	1433	1435	1436	1438	1439	1440
100	1442	1443	1444	1446	1447	1449	1450	1451	1453	1454
101	1455	1457	1458	1460	1461	1462	1464	1465	1466	1468
102	1469	1471	1472	1473	1475	1476	1477	1479	1480	1482
103	1483	1484	1486	1487	1488	1490	1491	1493	1494	1495
104	1497	1498	1499	1501	1502	1504	1505	1506	1508	1509
105	1510	1512	1513	1515	1516	1517	1519	1520	1521	1523
106	1524	1526	1527	1528	1530	1531	1532	1534	1535	1537
107	1538	1539	1541	1542	1543	1545	1546	1548	1549	1550
108	1552	1553	1554	1556	1557	1559	1560	1561	1563	1564

Tabelle A I (3 Fortsetzung). Faktor für das Körpergewicht ♂

kg	0,0	0,1	0,2	0,3	0,4	0,5	0,6	0,7	0,8	0,9
109	1565	1567	1568	1570	1571	1572	1574	1575	1576	1578
110	1579	1581	1582	1583	1585	1586	1587	1589	1590	1592
111	1593	1594	1596	1597	1598	1600	1601	1603	1604	1605
112	1607	1608	1609	1611	1612	1614	1615	1616	1618	1619
113	1620	1622	1623	1625	1626	1627	1629	1630	1631	1633
114	1634	1636	1637	1638	1640	1641	1642	1644	1645	1647
115	1648	1649	1651	1652	1653	1655	1656	1658	1659	1660
116	1662	1663	1664	1666	1667	1669	1670	1671	1673	1674
117	1675	1677	1678	1680	1681	1682	1684	1685	1686	1688
118	1689	1691	1692	1693	1695	1696	1697	1699	1700	1702
119	1703	1704	1706	1707	1708	1710	1711	1713	1714	1715
120	1717	1718	1719	1721	1722	1724	1725	1726	1728	1729
121	1730	1732	1733	1735	1736	1737	1739	1740	1741	1743
122	1744	1746	1747	1748	1750	1751	1752	1754	1755	1757
123	1758	1759	1761	1762	1763	1765	1766	1768	1769	1770
124	1772	1773	1774	1776	1777	1779	1780	1781	1783	1784

Voraussagetabellen für den normalen Grundumsatz männlicher Personen

Tabelle A II.

Faktor für Alter und Körperlänge

Monate

0	2	4	6	8	10	12
45	105	160	210	245	270	290

Jahre

cm	1	2	3	4	5	6	7	8	9	10	11	12	13	14	15	16	17	18	19	20
60	160	—	—	—	—	—	—		—	—	—	—	—	—	—	—	—	—	—	—
64	200	—	—	—	—	—	—	—	—	—	—	—	—	—	—	—	—	—	—	—
68	240	210	—	—	—	—	—	—	—	—	—	—	—	—	—	—	—	—	—	—
72	280	250	—	—	—	—	—	—	—	—	—	—	—	—	—	—	—	—	—	—
76	320	290	255	—	—	—	—	—	—	—	—	—	—	—	—	—	—	—	—	—
80	360	330	295	265	—	—	—	—	—	—	—	—	—	—	—	—	—	—	—	—
84	400	370	335	300	—	—	—	—	—	—	—	—	—	—	—	—	—	—	—	—
88	440	410	375	345	310	—	—	—	—	—	—	—	—	—	—	—	—	—	—	—
92	480	450	415	385	350	320	—	—	—	—	—	—	—	—	—	—	—	—	—	—
96	520	485	455	425	390	360	330	—	—	—	—	—	—	—	—	—	—	—	—	—
100	560	530	495	460	430	400	370	360	350	340	330	280	230	205	180	166	153	140	128	—
104	—	570	535	500	470	440	410	405	400	395	390	330	280	250	220	210	193	180	168	155
108	—	610	575	540	510	480	450	450	450	450	450	390	330	300	260	245	233	221	208	196
112	—	—	615	580	550	520	490	495	500	500	500	440	380	340	300	287	273	261	248	235
116	—	—	655	620	590	560	530	540	550	550	550	490	430	385	340	327	313	300	288	276
120	—	—	695	660	630	605	580	590	600	600	600	540	480	430	380	368	353	341	328	316
124	—	—	—	690	670	650	630	635	640	645	650	590	530	470	420	417	393	381	368	356
128	—	—	—	725	710	695	680	685	690	695	700	640	580	520	460	448	433	421	408	395
132	—	—	—	—	750	735	720	730	740	745	750	690	630	570	500	486	473	460	448	436
136	—	—	—	—	790	780	770	775	780	790	800	740	680	620	540	526	513	500	488	476
140	—	—	—	—	830	820	810	820	830	835	840	780	720	650	580	565	553	540	528	516
144	—	—	—	—	—	850	860	870	880	885	890	825	760	690	620	607	593	580	568	555
148	—	—	—	—	—	890	900	910	920	935	950	885	820	740	660	647	633	621	608	595
152	—	—	—	—	—	—	940	950	960	975	990	925	860	780	700	685	673	660	648	635
156	—	—	—	—	—	—	970	980	990	1020	1030	960	890	815	740	725	713	698	678	661
160	—	—	—	—	—	—	1030	1025	1020	1040	1060	990	920	850	780	761	743	726	708	690
164	—	—	—	—	—	—	—	1050	1060	1080	1100	1040	960	885	810	794	775	755	738	721
168	—	—	—	—	—	—	—	—	1100	1120	1140	1070	1000	920	840	820	803	785	768	745
172	—	—	—	—	—	—	—	—	—	1180	1190	1110	1020	940	860	840	823	806	788	760
176	—	—	—	—	—	—	—	—	—	—	1230	1140	1040	960	880	860	843	825	808	780
180	—	—	—	—	—	—	—	—	—	—	—	1170	1060	980	900	880	863	845	828	800

Tabelle A II (1. Fortsetzung). Faktor für Alter und Körperlänge ♂

cm	1	2	3	4	5	6	7	8	9	10	11	12	13	14	15	16	17	18	19	20
184	—	—	—	—	—	—	—	—	—	—	—	—	—	1000	920	903	883	865	848	815
188	—	—	—	—	—	—	—	—	—	—	—	—	—	—	940	920	903	885	868	840
192	—	—	—	—	—	—	—	—	—	—	—	—	—	—	—	—	923	906	888	850
196	—	—	—	—	—	—	—	—	—	—	—	—	—	—	—	—	—	—	908	860
200	—	—	—	—	—	—	—	—	—	—	—	—	—	—	—	—	—	—	—	870

Tabelle A II (2. Fortsetzung). Faktor für Alter und Körperlänge ♂

Jahre	21	22	23	24	25	26	27	28	29	30	31	32
cm												
151	614	607	600	593	587	580	573	566	560	553	546	539
152	619	612	605	598	592	585	578	571	565	558	551	544
153	624	617	610	603	597	590	583	576	570	563	556	549
154	629	622	615	608	602	595	588	581	575	568	561	554
155	634	627	620	613	607	600	593	586	580	573	566	559
156	639	632	625	618	612	605	598	591	585	578	571	564
157	644	637	630	623	617	610	603	596	590	583	576	569
158	649	642	635	628	622	615	608	601	595	588	581	574
159	654	647	640	633	627	620	613	606	600	593	586	579
160	659	652	645	638	632	625	618	611	605	598	591	584
161	664	657	650	643	637	630	623	616	610	603	596	589
162	669	662	655	648	642	635	628	621	615	608	601	594
163	674	667	660	653	647	640	633	626	620	613	606	599
164	679	672	665	658	652	645	638	631	625	618	611	604
165	684	677	670	663	657	650	643	636	630	623	616	609
166	689	682	675	668	662	655	648	641	635	628	621	614
167	694	687	680	673	667	660	653	646	640	633	626	619
168	699	692	685	678	672	665	658	651	645	638	631	624
169	704	697	690	683	677	670	663	656	650	643	636	629
170	709	702	695	688	682	675	668	661	655	648	641	634
171	714	707	700	693	687	680	673	666	660	653	646	639
172	719	712	705	698	692	685	678	671	665	658	651	644
173	724	717	710	703	697	690	683	676	670	663	656	649
174	729	722	715	708	702	695	688	681	675	668	661	654
175	734	727	720	713	707	700	693	686	680	673	666	659
176	739	732	725	718	712	705	698	691	685	678	671	664
177	744	737	730	723	717	710	703	696	690	683	676	669
178	749	742	735	728	722	715	708	701	695	688	681	674
179	754	747	740	733	727	720	713	706	700	693	686	679
180	759	752	745	738	732	725	718	711	705	698	691	684
181	764	757	750	743	737	730	723	716	710	703	696	689
182	769	762	755	748	742	735	728	721	715	708	701	694
183	774	767	760	753	747	740	733	726	720	713	706	699
184	779	772	765	758	752	745	738	731	725	718	711	704
185	784	777	770	763	757	750	743	736	730	723	716	709
186	789	782	775	768	762	755	748	741	735	728	721	714
187	794	787	780	773	767	760	753	746	740	733	726	719
188	799	792	785	779	772	765	758	751	745	738	731	724
189	804	797	790	784	777	770	763	756	750	743	736	729
190	809	802	795	789	782	775	768	761	755	748	741	734
191	814	807	800	794	787	780	773	766	760	753	746	739
192	819	812	805	799	792	785	778	771	765	758	751	744
193	824	817	810	804	797	790	783	776	770	763	756	749

Tabelle A II (3.Fortsetzung). Faktor für das Körpergewicht ♂

Jahre	21	22	23	24	25	26	27	28	29	30	31	32
cm												
194	829	822	815	809	802	795	788	781	775	768	761	754
195	834	827	820	814	807	800	793	787	780	773	766	759
196	839	832	825	819	812	805	798	792	785	778	771	764
197	844	837	830	824	817	810	803	797	790	783	776	769
198	849	842	835	829	822	815	808	802	795	788	781	774
199	854	847	840	834	827	820	813	807	800	793	786	779
200	859	852	845	839	832	825	818	812	805	798	791	785

Tabelle A II (4. Fortsetzung). Faktor für Alter und Körperlänge ♂

Jahre	33	34	35	36	37	38	39	40	41	42	43	44	45
cm													
151	533	526	519	512	506	499	492	485	479	472	465	458	452
152	538	531	524	517	511	504	497	490	484	477	470	463	456
153	543	536	529	522	516	509	502	495	489	482	475	468	462
154	548	541	534	527	521	514	507	500	494	487	480	473	467
155	553	546	539	532	526	519	512	505	499	492	485	478	472
156	558	551	544	537	531	524	517	510	504	497	490	483	477
157	563	556	549	542	536	529	522	515	509	502	495	488	482
158	568	561	554	547	541	534	527	520	514	507	500	493	487
159	573	566	559	552	546	539	532	525	519	512	505	498	492
160	578	571	564	557	551	544	537	530	524	517	510	503	497
161	583	576	569	562	556	549	542	535	529	522	515	508	502
162	588	581	574	567	561	554	547	540	534	527	520	513	507
163	593	586	579	572	566	559	552	545	539	532	525	518	512
164	598	591	584	577	571	564	557	550	544	537	530	523	517
165	603	596	589	582	576	569	562	555	549	542	535	528	522
166	608	601	594	587	581	574	567	560	554	547	540	533	527
167	613	606	599	592	586	579	572	565	559	552	545	538	532
168	618	611	604	597	591	584	577	570	564	557	550	543	537
169	623	616	609	602	596	589	582	575	569	562	555	548	542
170	628	621	614	607	601	594	587	580	574	567	560	553	547
171	633	626	619	612	606	599	592	585	579	572	565	558	552
172	638	631	624	617	611	604	597	590	584	577	570	563	557
173	643	636	629	622	616	609	602	595	589	582	575	568	562
174	648	641	634	627	621	614	607	600	594	587	580	573	567
175	653	646	639	632	626	619	612	605	599	592	585	578	572
176	658	651	644	637	631	624	617	610	604	597	590	583	577
177	663	656	649	642	636	629	622	615	609	602	595	588	582
178	668	661	654	647	641	634	627	620	614	607	600	593	587
179	673	666	659	652	646	639	632	625	619	612	605	598	592
180	678	671	664	657	651	644	637	630	624	617	610	603	597
181	683	676	669	662	656	649	642	635	629	622	615	608	602
182	688	681	674	667	661	654	647	640	634	627	620	613	607
183	693	686	679	672	666	659	652	645	639	632	625	618	612
184	698	691	684	677	671	664	657	650	644	637	630	623	617
185	703	696	689	682	676	669	662	655	649	642	635	628	622
186	708	701	694	687	681	674	667	660	654	647	640	633	627
187	713	706	699	692	686	679	672	665	659	652	645	638	632
188	718	711	704	697	691	684	677	670	664	657	650	643	637
189	723	716	709	702	696	689	682	675	669	662	655	648	642
190	728	721	714	707	701	694	687	680	674	667	660	653	647
191	733	726	719	712	706	699	692	685	679	672	665	658	652
192	738	731	724	717	711	704	697	690	684	677	670	663	657
193	743	736	729	722	716	709	702	695	689	682	675	668	662

Tabelle A II (5. Fortsetzung). **Faktor für das Körpergewicht ♂**

Jahre	33	34	35	36	37	38	39	40	41	42	43	44	45
cm													
194	748	741	734	727	721	714	707	700	694	687	680	673	667
195	753	746	739	732	726	719	712	705	699	692	685	678	672
196	758	751	744	737	731	724	717	710	704	697	690	683	677
197	763	756	749	742	736	729	722	715	709	702	695	688	682
198	768	761	754	747	741	734	727	720	714	707	700	693	687
199	773	766	759	752	746	739	732	725	719	712	705	698	692
200	778	771	764	757	751	744	737	730	724	717	710	703	697

Tabelle A II (6. Fortsetzung). Faktor für Alter und Körperlänge ♂

Jahre	46	47	48	49	50	51	52	53	54	55	56	57
cm												
151	445	438	431	425	418	411	404	397	391	384	377	370
152	450	443	436	430	423	416	409	402	396	389	382	375
153	455	448	441	435	428	421	414	407	401	394	387	380
154	460	453	446	440	433	426	419	412	406	399	392	385
155	465	458	451	445	438	431	424	417	411	404	397	390
156	470	463	456	450	443	436	429	422	416	409	402	395
157	475	468	461	455	448	441	434	428	421	414	407	400
158	480	473	466	460	453	446	439	433	426	419	412	405
159	485	478	471	465	458	451	444	438	431	424	417	410
160	490	483	476	470	463	456	449	443	436	429	422	415
161	495	488	481	475	468	461	454	448	441	434	427	420
162	500	493	486	480	473	466	459	453	446	439	432	425
163	505	498	491	485	478	471	464	458	451	444	437	431
164	510	503	496	490	483	476	469	463	456	449	442	436
165	515	508	501	495	488	481	474	468	461	454	447	441
166	520	513	506	500	493	486	479	473	466	459	452	446
167	525	518	511	505	498	491	484	478	471	464	457	451
168	530	523	516	510	503	496	489	483	476	469	462	456
169	535	528	521	515	508	501	494	488	481	474	467	461
170	540	533	526	520	513	506	499	493	486	479	472	466
171	545	538	531	525	518	511	504	498	491	484	477	471
172	550	543	536	530	523	516	509	503	496	489	482	476
173	555	548	541	535	528	521	514	508	501	494	487	481
174	560	553	546	540	533	526	519	513	506	499	492	486
175	565	558	551	545	538	531	524	518	511	504	497	491
176	570	563	556	550	543	536	529	523	516	509	502	496
177	575	568	561	555	548	541	534	528	521	514	507	501
178	580	573	566	560	553	546	539	533	526	519	512	506
179	585	578	571	565	558	551	544	538	531	524	517	511
180	590	583	576	570	563	556	549	543	536	529	522	516
181	595	588	581	575	568	561	554	548	541	534	527	521
182	600	593	586	580	573	566	559	553	546	539	532	526
183	605	598	591	585	578	571	564	558	551	544	537	531
184	610	603	596	590	583	576	569	563	556	549	542	536
185	615	608	601	595	588	581	574	568	561	554	547	541
186	620	613	606	600	593	586	579	573	566	559	552	546
187	625	618	611	605	598	591	584	578	571	564	557	551
188	630	623	616	610	603	596	589	583	576	569	562	556
189	635	628	621	615	608	601	594	588	581	574	567	561
190	640	633	626	620	613	606	599	593	586	579	572	566
191	645	638	631	625	618	611	604	598	591	584	577	571
192	650	643	636	630	623	616	609	603	596	589	582	576
193	655	648	641	635	628	621	614	608	601	594	587	581

Tabelle A II (7. Fortsetzung). Faktor für Alter und Körperlänge ♂

Jahre	46	47	48	49	50	51	52	53	54	55	56	57
cm												
194	660	653	646	640	633	626	619	613	606	599	592	586
195	665	658	651	645	638	631	624	618	611	604	597	591
196	670	663	656	650	643	636	629	623	616	609	602	596
197	675	668	661	655	648	641	634	628	621	614	607	601
198	680	673	666	660	653	646	639	633	626	619	612	606
199	685	678	671	665	658	651	644	638	631	624	617	611
200	690	683	676	670	663	656	649	643	636	629	622	616

Tabelle A II (8. Fortsetzung). Faktor für Alter und Körperlänge ♂

Jahre	58	59	60	61	62	63	64	65	66	67	68	69	70
cm													
151	364	357	350	343	337	330	323	316	310	303	296	289	283
152	369	362	355	348	342	335	328	321	315	308	301	294	288
153	374	367	360	353	347	340	333	326	320	313	306	299	293
154	379	372	365	358	352	345	338	331	325	318	311	304	298
155	384	377	370	363	357	350	343	336	330	323	316	309	303
156	389	382	375	368	362	355	348	341	335	328	321	314	308
157	394	387	380	373	367	360	353	346	340	333	326	319	313
158	399	392	385	378	372	365	358	351	345	338	331	324	318
159	404	397	390	383	377	370	363	356	350	343	336	329	323
160	409	402	395	388	382	375	368	361	355	348	341	334	328
161	414	407	400	393	387	380	373	366	360	353	346	339	333
162	419	412	405	398	392	385	378	371	365	358	351	344	338
163	424	417	410	403	397	390	383	376	370	363	356	349	343
164	429	422	415	408	402	395	388	381	375	368	361	354	348
165	434	427	420	413	407	400	393	386	380	373	366	359	353
166	439	432	425	418	412	405	398	391	385	378	371	364	358
167	444	437	430	423	417	410	403	396	390	383	376	369	363
168	449	442	435	428	422	415	408	401	395	388	381	374	368
169	454	447	440	434	427	420	413	406	400	393	386	379	373
170	459	452	445	439	432	425	418	411	405	398	391	384	378
171	464	457	450	444	437	430	423	416	410	403	396	389	383
172	469	462	455	449	442	435	428	421	415	408	401	394	388
173	474	467	460	454	447	440	433	426	420	413	406	399	393
174	479	472	465	459	452	445	438	431	425	418	411	404	398
175	484	477	470	464	457	450	443	437	430	423	416	409	403
176	489	482	475	469	462	455	448	442	435	428	421	414	408
177	494	487	480	474	467	460	453	447	440	433	426	419	413
178	499	492	485	479	472	465	458	452	445	438	431	424	418
179	504	497	490	484	477	470	463	457	450	443	436	429	423
180	509	502	495	489	482	475	468	462	455	448	441	434	428
181	514	507	500	494	487	480	473	467	460	453	446	440	433
182	519	512	505	499	492	585	478	472	465	458	451	445	438
183	524	517	510	504	497	490	483	477	470	463	456	450	443
184	529	522	515	509	502	495	488	482	475	468	461	455	448
185	534	527	520	514	507	500	493	487	480	473	466	460	453
186	539	532	525	519	512	505	498	492	485	478	471	465	458
187	544	537	530	524	517	510	503	497	490	483	476	470	463
188	549	542	535	529	522	515	508	502	495	488	481	475	468
189	554	547	540	534	527	520	513	507	500	493	486	480	473
190	559	552	545	539	532	525	518	512	505	498	491	485	478
191	564	557	550	544	537	530	523	517	510	503	496	490	483
192	569	562	555	549	542	535	528	522	515	508	501	495	488
193	574	567	560	554	547	540	533	527	520	513	506	500	493

Tabelle A II (9. Fortsetzung). Faktor für Alter und Körperlänge ♂

Jahre	58	59	60	61	62	63	64	65	66	67	68	69	70
cm													
194	579	572	565	559	552	545	538	532	525	518	511	505	498
195	584	577	570	564	557	550	543	537	530	523	516	510	503
196	589	582	575	569	562	555	548	542	535	528	521	515	508
197	594	587	580	574	567	560	553	547	540	533	526	520	513
198	599	592	585	579	572	565	558	552	545	538	531	525	518
199	604	597	590	584	577	570	563	557	550	543	536	530	523
200	609	602	595	589	582	575	568	562	555	548	541	535	528

Voraussagetabellen für den normalen Grundumsatz weiblicher Personen

Tabelle B I.

Faktor für das Körpergewicht ♀

kg	0,0	0,1	0,2	0,3	0,4	0,5	0,6	0,7	0,8	0,9
3	683	684	685	686	687	688	689	690	691	692
4	693	694	695	696	697	698	698	699	700	701
5	702	703	704	705	706	707	708	709	710	711
6	712	713	714	715	716	717	717	718	719	720
7	721	722	723	724	725	726	727	728	729	730
8	731	732	733	734	735	736	737	738	739	740
9	741	742	743	744	745	746	747	748	749	750
10	751	752	753	754	755	756	756	757	758	759
11	760	761	762	763	764	765	766	767	768	869
12	770	771	772	773	774	775	775	776	777	778
13	779	780	781	782	783	784	785	786	787	788
14	789	790	791	792	793	794	794	795	796	797
15	798	799	800	801	802	803	804	805	806	807
16	808	809	810	811	812	813	814	815	816	817
17	818	819	820	821	822	823	823	824	825	826
18	827	828	829	830	831	832	833	834	835	836
19	837	838	839	840	841	842	842	843	844	845
20	846	847	848	849	850	851	852	853	854	855
21	856	857	858	859	860	861	861	862	863	864
22	865	866	867	868	869	870	871	872	873	874
23	875	876	877	878	879	880	881	882	883	884
24	885	886	887	888	889	890	890	891	892	893
25	894	895	896	897	898	899	900	901	902	903
26	904	905	906	907	908	909	909	910	911	912
27	913	914	915	916	917	918	919	920	921	922
28	923	924	925	926	927	928	929	930	931	931
29	932	933	934	935	936	937	938	939	940	941
30	942	943	944	945	946	947	948	949	950	951
31	952	953	953	954	955	956	957	958	959	960
32	961	962	963	964	965	966	967	968	969	970
33	971	972	973	974	975	975	976	977	978	979
34	980	981	982	983	984	985	986	987	988	989
35	990	991	992	993	994	995	996	997	997	998
36	999	1000	1001	1002	1003	1004	1005	1006	1007	1008
37	1009	1010	1011	1012	1013	1014	1015	1016	1017	1018
38	1019	1019	1020	1021	1022	1023	1024	1025	1026	1027
39	1028	1029	1030	1031	1032	1033	1034	1035	1036	1037
40	1038	1039	1040	1041	1041	1042	1043	1044	1045	1046
41	1047	1048	1049	1050	1051	1052	1053	1054	1055	1056

Tabelle B I (1. Fortsetzung). Faktor für das Körpergewicht ♀

kg	0,0	0,1	0,2	0,3	0,4	0,5	0,6	0,7	0,8	0,9
42	1057	1058	1059	1060	1061	1062	1062	1063	1064	1065
43	1066	1067	1068	1069	1070	1071	1072	1073	1074	1075
44	1076	1077	1078	1079	1080	1081	1082	1083	1084	1084
45	1085	1086	1087	1088	1089	1090	1091	1092	1093	1094
46	1095	1096	1097	1098	1099	1100	1101	1102	1103	1104
47	1105	1106	1106	1107	1108	1109	1110	1111	1112	1113
48	1114	1115	1116	1117	1118	1119	1120	1121	1122	1123
49	1124	1125	1126	1127	1128	1128	1129	1130	1131	1132
50	1133	1134	1135	1136	1137	1138	1139	1140	1141	1142
51	1143	1144	1145	1146	1147	1148	1149	1150	1150	1151
52	1152	1153	1154	1155	1156	1157	1158	1159	1160	1161
53	1162	1163	1164	1165	1166	1167	1168	1169	1170	1171
54	1172	1172	1173	1174	1175	1176	1177	1178	1179	1180
55	1181	1182	1183	1184	1185	1186	1187	1188	1189	1190
56	1191	1192	1193	1194	1194	1195	1196	1197	1198	1199
57	1200	1201	1202	1203	1204	1205	1206	1207	1208	1209
58	1210	1211	1212	1213	1214	1215	1216	1216	1217	1218
59	1219	1220	1221	1222	1223	1224	1225	1226	1227	1228
60	1229	1230	1231	1232	1233	1234	1235	1236	1237	1238
61	1238	1239	1240	1241	1242	1243	1244	1245	1246	1247
62	1248	1249	1250	1251	1252	1253	1254	1255	1256	1257
63	1258	1259	1260	1260	1261	1262	1263	1264	1265	1266
64	1267	1268	1269	1270	1271	1272	1273	1274	1275	1276
65	1277	1278	1279	1280	1281	1281	1282	1283	1284	1285
66	1286	1287	1288	1289	1290	1291	1292	1293	1294	1295
67	1296	1297	1298	1299	1300	1301	1302	1303	1303	1304
68	1305	1306	1307	1308	1309	1310	1311	1312	1313	1314
69	1315	1316	1317	1318	1319	1320	1321	1322	1323	1324
70	1325	1325	1326	1327	1328	1329	1330	1331	1332	1333
71	1334	1335	1336	1337	1338	1339	1340	1341	1342	1343
72	1344	1345	1346	1347	1347	1348	1349	1350	1351	1352
73	1353	1354	1355	1356	1357	1358	1359	1360	1361	1362
74	1363	1364	1365	1366	1367	1368	1369	1369	1370	1371

Tabelle B I (2. Fortsetzung). Faktor für das Körpergewicht ♀

kg	0,0	0,1	0,2	0,3	0,4	0,5	0,6	0,7	0,8	0,9
85	1468	1469	1470	1471	1472	1473	1474	1475	1476	1477
86	1478	1479	1479	1480	1481	1482	1483	1484	1485	1486
87	1487	1488	1489	1490	1491	1492	1493	1494	1495	1496
88	1497	1498	1499	1500	1501	1501	1502	1503	1504	1505
89	1506	1507	1508	1509	1510	1511	1512	1513	1514	1515
90	1516	1517	1518	1519	1520	1521	1522	1522	1523	1524
91	1525	1526	1527	1528	1529	1530	1531	1532	1533	1534
92	1535	1536	1537	1538	1539	1540	1541	1542	1543	1544
93	1544	1545	1546	1547	1548	1549	1550	1551	1552	1553
94	1554	1555	1556	1557	1558	1559	1560	1561	1562	1563
95	1564	1565	1566	1566	1567	1568	1569	1570	1571	1572
96	1573	1574	1575	1576	1577	1578	1579	1580	1581	1582
97	1583	1584	1585	1586	1587	1588	1588	1589	1590	1591
98	1592	1593	1594	1595	1596	1597	1598	1599	1600	1601
99	1602	1603	1604	1605	1606	1607	1608	1609	1610	1610
100	1611	1612	1613	1614	1615	1616	1617	1618	1619	1620
101	1621	1622	1623	1624	1625	1626	1627	1628	1629	1630
102	1631	1632	1632	1633	1634	1635	1636	1637	1638	1639
103	1640	1641	1642	1643	1644	1645	1646	1647	1648	1649
104	1650	1651	1652	1653	1654	1654	1655	1656	1657	1658
105	1659	1660	1661	1662	1663	1664	1665	1666	1667	1668
106	1669	1670	1671	1672	1673	1674	1675	1676	1676	1677
107	1678	1679	1680	1681	1682	1683	1684	1685	1686	1687
108	1688	1689	1690	1691	1692	1693	1694	1695	1696	1697
109	1698	1698	1699	1700	1701	1702	1703	1704	1705	1706
110	1707	1708	1709	1710	1711	1712	1713	1714	1715	1716
111	1717	1718	1719	1720	1720	1721	1722	1723	1724	1725
112	1726	1727	1728	1729	1730	1731	1732	1733	1734	1735
113	1736	1737	1738	1739	1740	1741	1741	1742	1743	1744
114	1745	1746	1747	1748	1749	1750	1751	1752	1753	1754
115	1755	1756	1757	1758	1759	1760	1761	1762	1763	1763
116	1764	1765	1766	1767	1768	1769	1770	1771	1772	1773
117	1774	1775	1776	1777	1778	1779	1780	1781	1782	1783
118	1784	1785	1785	1786	1787	1788	1789	1790	1791	1792
119	1793	1794	1795	1796	1797	1798	1799	1800	1801	1802
120	1803	1804	1805	1806	1807	1807	1808	1809	1810	1811
121	1812	1813	1814	1815	1816	1817	1818	1819	1820	1821
122	1822	1823	1824	1825	1826	1827	1828	1829	1829	1830
123	1831	1832	1833	1834	1835	1836	1837	1838	1839	1840
124	1841	1842	1843	1844	1845	1846	1847	1848	1849	1850

Voraussagetabellen für den normalen Grundumsatz weiblicher Personen

Tabelle B II.

Faktor für Alter und Körperlänge.

Monate.

0	2	4	6	8	10	12
—535	—475	—420	—370	—325	—265	—225

Jahre

cm	1	2	3	4	5	6	7	8	9	10	11	12	13	14	15	16	17	18	19
60	—264	—	—	—	—	—	—	—	—	—	—	—	—	—	—	—	—	—	—
64	—248	—	—	—	—	—	—	—	—	—	—	—	—	—	—	—	—	—	—
68	—232	—177	—	—	—	—	—	—	—	—	—	—	—	—	—	—	—	—	—
72	—216	—161	—	—	—	—	—	—	—	—	—	—	—	—	—	—	—	—	—
76	—200	—145	—90	—	—	—	—	—	—	—	—	—	—	—	—	—	—	—	—
80	—184	—129	—74	54	—	—	—	—	—	—	—	—	—	—	—	—	—	—	—
84	—168	—113	—58	38	—	—	—	—	—	—	—	—	—	—	—	—	—	—	—
88	—152	—97	—42	22	—2	—	—	—	—	—	—	—	—	—	—	—	—	—	—
92	—136	—81	—26	—7	12	11	—	—	—	—	—	—	—	—	—	—	—	—	—
96	—120	—65	—10	7	25	25	26	—	—	—	—	—	—	—	—	—	—	—	—
100	—104	—49	6	28	40	41	42	37	33	38	43	31	14	10	5	—0	—5	10	14
104	—	21	22	39	56	57	58	56	54	58	62	45	30	25	21	16	11	6	2
108	—	5	38	55	72	73	74	75	75	80	85	65	56	47	37	32	27	23	18
112	—	—	54	71	88	89	90	90	91	96	101	87	72	62	53	48	43	38	34
116	—	—	70	87	105	105	106	106	107	112	117	107	98	84	69	64	59	54	50
120	—	—	86	106	126	129	132	128	123	133	143	129	114	97	80	77	75	71	66
124	—	—	—	136	142	146	148	143	138	148	159	145	130	115	101	101	101	91	82
128	—	—	—	155	158	161	164	162	161	167	175	161	146	132	117	112	107	103	98
132	—	—	—	—	174	177	180	180	181	186	191	177	162	148	133	128	123	119	114
136	—	—	—	—	190	193	196	196	197	202	207	192	178	159	140	140	139	134	130
140	—	—	—	—	206	209	212	212	213	219	228	211	194	180	165	160	155	150	146
144	—	—	—	—	—	222	228	233	239	244	241	230	210	195	181	176	171	167	162
148	—	—	—	—	—	240	244	248	255	260	265	250	236	220	197	192	187	182	178
152	—	—	—	—	—	—	260	265	271	277	281	267	252	232	212	206	201	197	192
156	—	—	—	—	—	—	276	282	287	292	297	279	260	243	227	221	215	210	206
160	—	—	—	—	—	—	282	288	293	298	303	289	274	258	242	235	229	224	220
164	—	—	—	—	—	—	—	—	309	311	313	301	290	274	257	250	243	239	234
168	—	—	—	—	—	—	—	—	—	335	325	315	306	288	271	263	255	250	246
172	—	—	—	—	—	—	—	—	—	—	331	324	318	301	285	276	267	263	258
176	—	—	—	—	—	—	—	—	—	—	—	—	328	314	299	289	279	274	270
180	—	—	—	—	—	—	—	—	—	—	—	—	—	323	313	302	291	287	282

Tabelle B II (1. Fortsetzung). Faktor für Alter und Körperlänge ♀

cm	1	2	3	4	5	6	7	8	9	10	11	12	13	14	15	16	17	18	19
184	—	—	—	—	—	—	—	—	—	—	—	—	—	—	327	315	303	298	294
188	—	—	—	—	—	—	—	—	—	—	—	—	—	—	—	318	313	309	304
192	—	—	—	—	—	—	—	—	—	—	—	—	—	—	—	—	323	319	314
196	—	—	—	—	—	—	—	—	—	—	—	—	—	—	—	—	333	329	324
200	—	—	—	—	—	—	—	—	—	—	—	—	—	—	—	—	—	339	334

Tabelle B II (2. Fortsetzung). Faktor für Alter und Körperlänge ♀

Jahre	21	22	23	24	25	26	27	28	29	30	31	32
cm												
151	181	176	172	167	162	158	153	148	144	139	134	130
152	183	178	174	169	164	160	155	150	146	141	136	132
153	185	180	175	171	166	161	157	152	147	143	138	133
154	187	182	177	173	168	163	159	154	149	145	140	135
155	189	184	179	174	170	165	160	156	151	146	142	137
156	190	186	181	176	172	167	162	158	153	148	144	139
157	192	188	183	178	173	169	164	159	155	150	145	141
158	194	189	185	180	175	171	166	161	157	152	147	143
159	196	191	187	182	177	173	168	163	158	154	149	144
160	198	193	188	184	179	174	170	165	160	156	151	146
161	199	195	190	186	181	176	172	167	162	158	153	148
162	201	197	192	187	183	178	173	169	164	159	155	150
163	203	199	194	189	185	180	175	171	166	161	157	152
164	205	200	196	191	186	182	177	172	168	163	158	154
165	207	202	198	193	188	184	179	174	170	165	160	156
166	209	204	199	194	190	185	181	176	171	167	162	157
167	211	206	201	197	192	187	183	178	173	169	164	159
168	213	208	203	199	194	189	184	180	175	170	166	161
169	214	210	205	200	196	191	186	182	177	172	168	163
170	216	212	207	202	198	193	188	184	179	174	169	165
171	218	213	209	204	199	195	190	185	181	176	171	167
172	220	215	211	206	201	197	192	187	183	178	173	169
173	222	217	212	208	203	198	194	189	184	180	175	170
174	224	219	214	210	205	200	196	191	186	182	177	172
175	225	221	216	211	207	202	197	193	188	183	179	174
176	227	223	218	213	209	204	199	195	190	185	181	176
177	229	225	220	215	210	206	201	196	192	187	182	178
178	231	226	222	217	212	208	203	198	194	189	184	180
179	233	228	224	219	214	210	205	200	195	191	186	181
180	235	230	225	221	216	211	207	202	197	193	188	183
181	237	232	227	223	218	213	209	204	199	195	190	185
182	238	234	229	224	220	215	210	206	201	196	192	187
183	240	236	231	226	222	217	212	208	203	198	194	189
184	242	237	233	228	223	219	214	209	205	200	195	191
185	244	239	235	230	225	221	216	211	207	202	197	193
186	246	241	236	232	227	222	218	213	208	204	199	194
187	248	243	238	234	229	224	220	215	210	206	201	196
188	250	245	240	236	231	226	221	217	212	207	203	198
189	251	247	242	237	233	228	223	219	214	209	205	200
190	253	249	244	239	235	230	225	221	216	211	206	202
191	255	250	246	241	236	232	227	222	218	213	208	204
192	257	252	248	243	238	234	229	224	220	215	210	206
193	259	254	249	245	240	235	231	226	221	217	212	207

Tabelle B II (3. Fortsetzung). Faktor für Alter und Körperlänge ♀

Jahre	21	22	23	24	25	26	27	28	29	30	31	32
cm												
194	261	256	251	247	242	237	233	228	223	219	214	209
195	262	258	253	248	244	239	234	230	225	220	216	211
196	264	260	255	250	246	241	236	232	227	222	218	213
197	266	262	257	252	247	243	238	233	229	224	219	215
198	268	263	259	254	249	245	240	235	231	226	221	217
199	270	265	261	256	251	247	242	237	232	228	223	218
200	272	267	262	258	253	248	244	239	234	230	225	220

Tabelle B II (4. Fortsetzung). Faktor für Alter und Körperlänge ♀

Jahre	33	34	35	36	37	38	39	40	41	42	43	44	45
cm													
151	125	120	116	111	106	102	97	92	88	83	78	74	69
152	127	122	117	113	108	103	99	94	89	85	80	75	71
153	129	124	119	115	110	105	101	96	91	87	82	77	73
154	131	126	121	117	112	107	102	98	93	88	84	79	74
155	132	128	123	118	114	109	104	100	95	90	86	81	76
156	134	130	125	120	116	111	106	102	97	92	87	83	78
157	136	131	127	122	117	113	108	103	99	94	89	85	80
158	138	133	129	124	119	115	110	105	101	96	91	87	82
159	140	135	130	126	121	116	112	107	102	98	93	88	84
160	142	137	132	128	123	118	114	109	104	100	95	90	86
161	143	139	134	129	125	120	115	111	106	101	97	92	87
162	145	141	136	131	127	122	117	113	108	103	99	94	89
163	147	143	138	133	128	124	119	114	110	105	100	96	91
164	149	144	140	135	130	126	121	116	112	107	102	98	93
165	151	146	142	137	132	128	123	118	113	109	104	99	95
166	153	148	143	139	134	129	125	120	115	111	106	101	97
167	155	150	145	141	136	131	127	122	117	113	108	103	98
168	156	152	147	142	138	133	128	124	119	114	110	105	100
169	158	154	149	144	140	135	130	126	121	116	112	107	102
170	160	155	151	146	141	137	132	127	123	118	113	109	104
171	162	157	153	148	143	139	134	129	125	120	115	111	106
172	164	159	154	150	145	140	136	131	126	122	117	112	108
173	166	161	156	152	147	142	138	133	128	124	119	114	110
174	168	163	158	154	149	144	139	135	130	125	121	116	111
175	169	165	160	155	151	146	141	137	132	127	123	118	113
176	171	167	162	157	153	148	143	139	134	129	124	120	115
177	173	168	164	159	154	150	145	140	136	131	126	122	117
178	175	170	166	161	156	152	147	142	138	133	128	124	119
179	177	172	167	163	158	153	149	144	139	135	130	125	121
180	179	174	169	165	160	155	151	146	141	137	132	127	123
181	180	176	171	166	162	157	152	148	143	138	134	129	124
182	182	178	173	168	164	159	154	150	145	140	136	131	126
183	184	180	175	170	165	161	156	151	147	142	137	133	128
184	186	181	177	172	167	163	158	153	149	144	139	135	130
185	188	183	179	174	169	165	160	155	150	146	141	136	132
186	190	185	180	176	171	166	162	157	152	148	143	138	134
187	192	187	182	178	173	168	164	159	154	150	145	140	135
188	193	189	184	179	175	170	165	161	156	151	147	142	137
189	195	191	186	181	177	172	167	163	158	153	149	144	139
190	197	192	188	183	178	174	169	164	160	155	150	146	141
191	199	194	190	185	180	176	171	166	162	157	152	148	143
192	201	196	191	187	182	177	173	168	163	159	154	149	145
193	203	198	193	189	184	179	175	170	165	161	156	151	147

Tabelle B II (5. Fortsetzung). Faktor für Alter und Körperlänge ♀

Jahre	33	34	35	36	37	38	39	40	41	42	43	44	45
cm													
194	205	200	195	191	186	181	176	172	167	162	158	153	148
195	206	202	197	192	188	183	178	174	169	164	160	155	150
196	208	204	199	194	190	185	180	175	171	166	161	157	152
197	210	205	201	196	191	187	182	177	173	168	163	159	154
198	212	207	203	198	193	189	184	179	175	170	165	160	156
199	214	209	204	200	195	190	186	181	176	172	167	162	158
200	216	211	206	202	197	192	188	183	178	174	169	164	160

Tabelle B II (6. Fortsetzung). Faktor für Alter und Körperlänge ♀

Jahre / cm	46	47	48	49	50	51	52	53	54	55	56	57
151	64	60	55	50	46	41	36	31	27	22	17	13
152	66	61	57	52	47	43	38	33	29	24	19	15
153	68	63	59	54	49	45	40	35	31	26	21	16
154	70	65	60	56	51	46	42	37	32	28	23	18
155	72	67	62	58	53	48	44	39	34	30	25	20
156	73	69	64	59	55	50	45	41	36	31	27	22
157	75	71	66	61	57	52	47	43	38	33	29	24
158	77	72	68	63	58	54	49	44	40	35	30	26
159	79	74	70	65	60	56	51	46	42	37	32	28
160	81	76	72	67	62	57	53	48	43	39	34	29
161	83	78	73	69	64	59	55	50	45	41	36	31
162	85	80	75	71	66	61	57	52	47	42	38	33
163	86	82	77	72	68	63	58	54	49	44	40	35
164	88	84	79	74	70	65	60	56	51	46	42	37
165	90	85	81	76	71	67	62	57	53	48	43	39
166	92	87	83	78	73	69	64	59	55	50	45	41
167	94	89	84	80	75	70	66	61	56	52	47	42
168	96	91	86	82	77	72	68	63	58	54	49	44
169	98	93	88	83	79	74	69	65	60	55	51	46
170	99	95	90	85	81	76	71	67	62	57	53	48
171	101	97	92	87	83	78	73	68	64	59	54	50
172	103	98	94	89	84	80	75	70	66	61	56	52
173	105	100	96	91	86	82	77	72	67	63	58	53
174	107	102	97	93	88	83	79	74	69	65	60	55
175	109	104	99	95	90	85	81	76	71	67	62	57
176	110	106	101	96	92	87	82	78	73	68	64	59
177	112	108	103	98	94	89	84	80	75	70	66	61
178	114	109	105	100	95	91	86	81	77	72	67	63
179	116	111	107	102	97	93	88	83	79	74	69	65
180	118	113	108	104	99	94	90	85	80	76	71	66
181	120	115	110	106	101	96	92	87	82	78	73	68
182	122	117	112	108	103	98	93	89	84	79	75	70
183	123	119	114	109	105	100	95	91	86	81	77	72
184	125	121	116	111	107	102	97	93	88	83	78	74
185	127	122	118	113	108	104	99	94	90	85	80	76
186	129	124	120	115	110	106	101	96	92	87	82	78
187	131	126	121	117	112	107	103	98	93	89	84	79
188	133	128	123	119	114	109	105	100	95	91	86	81
189	134	130	125	120	116	111	106	102	97	92	88	83
190	136	132	127	122	118	113	108	104	99	94	90	85
191	138	134	129	124	119	115	110	105	101	96	91	87
192	140	135	131	126	121	117	112	107	103	98	93	89
193	142	137	133	128	123	119	114	109	104	100	95	90

Tabelle B II (7. Fortsetzung). Faktor für Alter und Körperlänge ♀

Jahre	46	47	48	49	50	51	52	53	54	55	56	57
cm												
194	144	139	134	130	125	120	116	111	106	102	97	92
195	146	141	136	132	127	122	118	113	108	104	99	94
196	147	143	138	133	129	124	119	115	110	105	101	96
197	149	145	140	135	131	126	121	117	112	107	103	98
198	151	146	142	137	132	128	123	118	114	109	104	100
199	153	148	144	139	134	130	125	120	116	111	106	102
200	155	150	145	141	136	131	127	122	117	113	108	103

Tabelle B II (8. Fortsetzung). Faktor für Alter und Körperlänge ♀.

Jahre	58	59	60	61	62	63	64	65	66	67	68	69	70
cm													
151	8	3	—1,2	—6	—11	—15	—20	—25	—29	—34	—39	—43	—48
152	10	5	0,6	—4	—9	—13	—18	—23	—27	—32	—37	—41	—46
153	12	7	2	—2	—7	—12	—16	—21	—26	—30	—35	—40	—44
154	14	9	4	0	—5	—10	—14	—19	—24	—28	—33	—38	—42
155	16	11	6	1	—3	—8	—13	—17	—22	—27	—31	—36	—41
156	17	13	8	3	—1	—6	—11	—15	—20	—25	—29	—34	—39
157	19	15	10	5	1	—4	—9	—14	—18	—23	—28	—32	—37
158	21	16	12	7	2	—2	—7	—12	—16	—21	—26	—30	—35
159	23	18	14	9	4	0	—5	—10	—15	—19	—24	—29	—33
160	25	20	15	11	6	1	—3	—8	—13	—17	—22	—27	—31
161	27	22	17	13	8	3	—1	—6	—11	—15	—20	—25	—30
162	28	24	19	14	10	5	0	—4	—9	—14	—18	—23	—28
163	30	26	21	16	12	7	2	—2	—7	—12	—16	—21	—26
164	32	27	23	18	13	9	4	—1	—5	—10	—15	—19	—24
165	34	29	25	20	15	11	6	1	—3	—8	—13	—17	—22
166	36	31	26	22	17	12	8	3	—2	—6	—11	—16	—20
167	38	33	28	24	19	14	10	5	0	—4	—9	—14	—18
168	40	35	30	26	21	16	11	7	2	—3	—7	—12	—17
169	41	37	32	27	23	18	13	9	4	—1	—5	—10	—15
170	43	39	34	29	25	20	15	11	6	1	—4	—8	—13
171	45	40	36	31	26	22	17	12	8	3	—2	—6	—11
172	47	42	38	33	28	24	19	14	10	5	0	—4	—9
173	49	44	39	35	30	25	21	16	11	7	2	—3	—7
174	51	46	41	37	32	27	23	18	13	9	4	—1	—5
175	52	48	43	38	34	29	24	20	15	10	6	1	—4
176	54	50	45	40	36	31	26	22	17	12	8	3	—2
177	56	52	47	42	37	33	28	23	19	14	9	5	0
178	58	53	49	44	39	35	30	25	21	16	11	7	2
179	60	55	51	46	41	37	32	27	22	18	13	8	4
180	62	57	52	48	43	38	34	29	24	20	15	10	6
181	64	59	54	50	45	40	36	31	26	22	17	12	8
182	65	61	56	51	47	42	37	33	28	23	19	14	9
183	67	63	58	53	49	44	39	35	30	25	21	16	11
184	69	64	60	55	50	46	41	36	32	27	22	18	13
185	71	66	62	57	52	48	43	38	34	29	24	20	15
186	73	68	63	59	54	49	45	40	35	31	26	21	17
187	75	70	65	61	56	51	47	42	37	33	28	23	19
188	77	72	67	63	58	53	48	44	39	34	30	25	20
189	78	74	69	64	60	55	50	46	41	36	32	27	22
190	80	76	71	66	62	57	52	48	43	38	33	29	24
191	82	77	73	68	63	59	54	49	45	40	35	31	26
192	84	79	75	70	65	61	56	51	47	42	37	33	28
193	86	81	76	72	67	62	58	53	48	44	39	34	30

Tabelle B II (9 Fortsetzung). Faktor für Alter und Körperlänge ♀

Jahre	58	59	60	61	62	63	64	65	66	67	68	69	70
cm													
194	88	83	78	74	69	64	60	55	50	46	41	36	32
195	89	85	80	75	71	66	61	57	52	47	43	38	33
196	91	87	82	77	73	68	63	59	54	49	45	40	35
197	93	89	84	79	74	70	65	60	56	51	46	42	37
198	95	90	86	81	76	72	67	62	58	53	48	44	39
199	97	92	88	83	78	74	69	64	59	55	50	45	41
200	99	94	89	85	80	75	71	66	61	57	52	47	43

Literatur

H. Autrum: Schallempfang bei Tier und Mensch. Die Naturwissenschaften 1942.

Herbert Graf: Elektrodiagnostik und Elektrotherapie mit Reizströmen. Siemens Berlin.

K. W. Hauser: Strahlung und Lichterythem. Leipzig 1934.

W. Hiedemann: Grundlagen und Ergebnisse der Ultraschallforschung. Berlin 1939.

Wolfgang Holzer: Physikalische Medizin in Diagnostik und Therapie. Wien 1940

Robert Jaeger: Physik und Elektrizitätslehre Leipzig 1931.

E. Kornmüller: Einführung in die klinische Elektrenzephalographie. München—Berlin 1944.

Josef Kowarschik: Kurzwellentherapie. Wien 1944.

H. Lampert: Physikalische Therapie. Dresden und Leipzig 1938.

Hermann Schall: Nahrungsmitteltabellen. Leipzig 1939.

M. A. Schirmann: Die physikalisch-technischen Methoden der Elektromedizin. Berlin und Wien 1934.

Fritsch und Schubart: Einführung in die Kurzwellentherapie. Berlin und Wien 1938.

Sachregister

FSC
www.fsc.org
MIX
Papier | Fördert gute Waldnutzung
FSC® C083411

Zeitfracht Medien GmbH
Ferdinand-Jühlke-Straße 7
99095 Erfurt, Deutschland
produktsicherheit@kolibri360.de